T0237655

Spiralen, Schraubenlinien und spiralartige Figuren

Hans Walser

Spiralen, Schraubenlinien und spiralartige Figuren

Mathematische Spielereien in zwei und drei Dimensionen

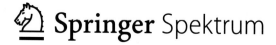 Springer Spektrum

Hans Walser
Frauenfeld, Schweiz

Die Online-Version des Buches enthält digitales Zusatzmaterial, das durch ein Play-Symbol gekennzeichnet ist. Die Dateien können von Lesern des gedruckten Buches mittels der kostenlosen Springer Nature „More Media" App angesehen werden. Die App ist in den relevanten App-Stores erhältlich und ermöglicht es, das entsprechend gekennzeichnete Zusatzmaterial mit einem mobilen Endgerät zu öffnen.

ISBN 978-3-662-65131-5   ISBN 978-3-662-65132-2   (eBook)
https://doi.org/10.1007/978-3-662-65132-2

Die Deutsche Nationalbibliothek verzeichnet diese Publikation in der Deutschen Nationalbibliografie; detaillierte bibliografische Daten sind im Internet über http://dnb.d-nb.de abrufbar.

© Der/die Herausgeber bzw. der/die Autor(en), exklusiv lizenziert durch Springer-Verlag GmbH, DE, ein Teil von Springer Nature 2022
Das Werk einschließlich aller seiner Teile ist urheberrechtlich geschützt. Jede Verwertung, die nicht ausdrücklich vom Urheberrechtsgesetz zugelassen ist, bedarf der vorherigen Zustimmung des Verlags. Das gilt insbesondere für Vervielfältigungen, Bearbeitungen, Übersetzungen, Mikroverfilmungen und die Einspeicherung und Verarbeitung in elektronischen Systemen.
Die Wiedergabe von allgemein beschreibenden Bezeichnungen, Marken, Unternehmensnamen etc. in diesem Werk bedeutet nicht, dass diese frei durch jedermann benutzt werden dürfen. Die Berechtigung zur Benutzung unterliegt, auch ohne gesonderten Hinweis hierzu, den Regeln des Markenrechts. Die Rechte des jeweiligen Zeicheninhabers sind zu beachten.
Der Verlag, die Autoren und die Herausgeber gehen davon aus, dass die Angaben und Informationen in diesem Werk zum Zeitpunkt der Veröffentlichung vollständig und korrekt sind. Weder der Verlag, noch die Autoren oder die Herausgeber übernehmen, ausdrücklich oder implizit, Gewähr für den Inhalt des Werkes, etwaige Fehler oder Äußerungen. Der Verlag bleibt im Hinblick auf geografische Zuordnungen und Gebietsbezeichnungen in veröffentlichten Karten und Institutionsadressen neutral.

Planung/Lektorat: Iris Ruhmann
Springer Spektrum ist ein Imprint der eingetragenen Gesellschaft Springer-Verlag GmbH, DE und ist ein Teil von Springer Nature.
Die Anschrift der Gesellschaft ist: Heidelberger Platz 3, 14197 Berlin, Germany

Vorwort

Spiralen, Schraubenlinien und spiralartige Figuren begegnen uns immer wieder in Technik, Natur und Geometrie. Das hat mich bewogen, eine Auswahl an Beispielen thematisch zu gliedern. So ist dieses Buch entstanden. Es richtet sich an Studierende, Schülerinnen und Schüler sowie Lehrpersonen und vor allem an interessierte Laien. Der Aufbau ist modular, sodass die einzelnen Abschnitte voneinander unabhängig lesbar sind.

Viele Anregungen und Ideen verdanke ich meinen Schülerinnen und Schülern sowie Studierenden im Rahmen der Lehramtsausbildung, und ebenso Kolleginnen und Kollegen. Insbesondere bin ich zu Dank verpflichtet Hans-Rudolf Bär, Institut für Kartografie und Geoinformation, ETH Zürich, Dörte Haftendorn, Lüneburg, Johanna Heitzer, Aachen, Eugen Jost, Thun, Hartmut Müller-Sommer, Vechta, Jo Niemeyer, Berlin, Marc Sauerwein, Bonn, Hans Rudolf Schneebeli, Wettingen, Hansjürg Stocker, Wädenswil, Heinz Klaus Strick, Leverkusen und Hans-Peter Stricker, Berlin.

Frauenfeld   Hans Walser
Februar 2022

Inhaltsverzeichnis

1 Einführung 1
   1.1 Drehen und Wachsen 1
       1.1.1 Archimedische Spiralen 2
       1.1.2 Logarithmische Spiralen 4
       1.1.3 Asymptoten 6
   1.2 Aufwickeln und Abwickeln 7
   1.3 Spiralen sehen 10
   1.4 Zahlenspirale 11
   Literatur 12

2 Die logarithmische Spirale 13
   2.1 Polargleichung 13
   2.2 Standardisierte Darstellung 14
   2.3 Drehstreckung 15
   2.4 Eckige logarithmische Spiralen 16
   2.5 Jacob Bernoulli 17
   2.6 Konstanter Schnittwinkel 18
       2.6.1 Approximation der logarithmischen Spirale 19
       2.6.2 Sonderfall 19
   2.7 Anzahl Daten 21
   2.8 Beispiele von logarithmischen Spiralen 23
       2.8.1 Exponentielles Wachstum 23
       2.8.2 Optische Täuschung 24
   2.9 Würfelverdoppelung mit Stern und Spirale 25
   Literatur 28

3 Die archimedische Spirale 29
   3.1 Lineare Radiusfunktion 30
   3.2 Zwischenraum 30
   3.3 Die Parabel kommt ins Spiel 32
   3.4 Versetzte Kreise 33
   3.5 Ausmalen 37

3.6   Abwickeln und Aufwickeln   38
3.7   Kreisevolvente   39
        3.7.1   Kartografie   40
        3.7.2   Zahnräder   41
        3.7.3   Optische Effekte   42
3.8   Beispiele aus dem Alltag   44
3.9   Die Spiralen des Pythagoras   45
3.10   Der Bart des Archimedes   46
Literatur   48

4   Schrauben   49
4.1   Schraubenlinien   49
4.2   Schraubenlinie auf Schraubenlinie   53
4.3   Beschleunigte Steigung   55
4.4   Schraubenflächen   56
4.5   Desaxierte Schraubenlinien   58
4.6   Auf dem Kegel   61
4.7   Archimedische Schraube   63
4.8   Krumme Schraubenflächen   64

5   Eckige logarithmische Spiralen   67
5.1   Im Dreieck   67
5.2   Im Quadrat   69
5.3   Viereckspiralen   71
5.4   Spiralen in Rechtecken   74
        5.4.1   DIN-Rechteck   74
        5.4.2   Goldenes Rechteck   75
        5.4.3   Silbernes Rechteck   76
        5.4.4   Beliebiges Rechteck   78
        5.4.5   Pythagoreische Dreiecke   78
5.5   Spiralen in Parallelogrammen   79
5.6   Rechtwinklig gleichschenklige Dreiecke   81
5.7   Spiel mit Quadraten   82
5.8   Endloser Pythagoras   84
5.9   Faltspirale   87
5.10   Ähnliche rechtwinklige Dreiecke   90
5.11   Hexenspirale   92
5.12   Die Fibonacci-Spirale   93
Literatur   94

6   Eckige archimedische Spiralen   95
6.1   Eine Zahlenspirale   95
6.2   Tribar-Spirale   100
6.3   Wurzelspiralen   102

6.4 Die Wurzelpyramide 104
6.5 Summe der ungeraden Zahlen 106
6.6 Halbregelmäßiges Fünfeck. 108
Literatur. 110

7 Krümmung 111
7.1 Zollstock. 111
7.2 Krümmung 113
7.3 Die Klothoide. 115
7.4 Straßen- und Eisenbahnbau 116
7.5 Noch eine optische Täuschung. 117
7.6 Alle Klothoiden sind ähnlich 118
7.7 Wachsende Krümmung 119

8 Goldene Spiralen. 123
8.1 Im Goldenen Rechteck. 123
8.2 Die Fibonacci-Kurve 126
Literatur. 129

9 Optische Täuschungen 131
9.1 Horizontale Wellenlinien 131
9.2 Zylinder, Torus und Kugel 134
9.3 Zirkuläre Wellen. 135
9.4 Radiale Wellenlinien 136
9.5 Andere komplexe Abbildungen 137

10 Sphärische Spiralen 139
10.1 Plattkarte 140
10.2 Mercator-Karte. 142
10.3 Stereografische Projektion 147
10.4 Karte von Archimedes und Lambert 149
10.5 Schraubenfläche und Kugel 150
Literatur. 151

Stichwortverzeichnis. 153

Einführung

1

Inhaltsverzeichnis

1.1   Drehen und Wachsen.   1
1.2   Aufwickeln und Abwickeln   7
1.3   Spiralen sehen.   10
1.4   Zahlenspirale.   11

Spiralen, Schrauben und Schnecken entstehen durch die Überlagerung einer Drehbewegung mit einer gleichmäßigen Veränderung der Position gegenüber dem Drehzentrum oder der Drehachse.

1.1 Drehen und Wachsen

Nach jedem Regen kommen die Schnecken Abb. 1.1 wieder zum Vorschein.

Die virtuelle Schnecke Abb. 1.2 dreht, wächst und windet sich in verschiedener Hinsicht. Es gibt eine Drehung um die Schneckenachse, eine Windung in die Höhe und einen Rundgang durch das Farbspektrum.

In der Animation Abb. 1.3 wird die Schnecke gedreht.

Über Spiralen in Kunst und Natur siehe [3–5].

Ergänzende Information Die elektronische Version dieses Kapitels enthält Zusatzmaterial, auf das über folgenden Link zugegriffen werden kann https://doi.org/10.1007/978-3-662-65132-2_1. Die Videos lassen sich durch Anklicken des DOI Links in der Legende einer entsprechenden Abbildung abspielen, oder indem Sie diesen Link mit der SN More Media App scannen.

© Der/die Autor(en), exklusiv lizenziert an Springer-Verlag GmbH, DE, ein Teil von Springer Nature 2022
H. Walser, *Spiralen, Schraubenlinien und spiralartige Figuren*,
https://doi.org/10.1007/978-3-662-65132-2_1

Abb. 1.1 Weinberg-Schnecke

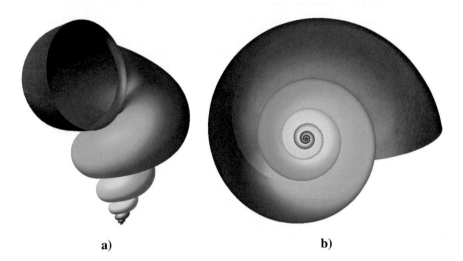

a)   b)

Abb. 1.2 Regenbogen-Schnecke

1.1.1   Archimedische Spiralen

In der Archimedischen Spirale der Abb. 1.4 nimmt der Abstand vom Zentrum gleichmäßig mit wachsendem Drehwinkel zu. Gedreht wird im positiven Drehsinn, also im Verkehrskreisel-Sinn oder Gegenuhrzeigersinn.

Die Funktionsgleichung für den Abstand ist:

$$r(t) = \frac{1}{2\pi}t, \ 0 \leq t \leq 6\pi \tag{1.1}$$

Abb. 1.3 Gedrehte
Schnecke (▶ https://doi.
org/10.1007/000-634)

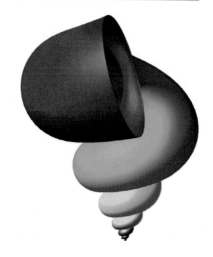

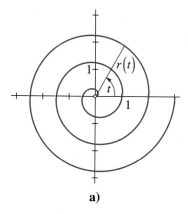

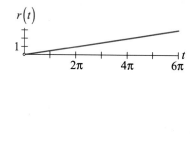

a)   b)

Abb. 1.4 Gleichmäßig zunehmender Abstand

Wegen dem speziellen Koeffizienten

$$\frac{1}{2\pi}$$

in Gl. 1.1 nimmt der Polarabstand bei jeder Umdrehung um genau 1 zu.

In einem kartesischen Koordinatensystem mit dem Drehwinkel t auf der horizontalen Achse ergibt die Funktion $r(t)$ eine Gerade als Funktionsgraf (Abb. 1.4b). Die „runde" Darstellung gemäß in der Abb. 1.4a wird als Polardarstellung bezeichnet. Der Abstand

$$r(t) = \frac{1}{2\pi}t$$

heißt Polarabstand, der Drehwinkel t (hier im Bogenmaß, also 2π für den vollen Winkel) heißt Polarwinkel. Die Funktion $r(t)$ in Gl. 1.1 ist linear. Allgemein heißt eine Spirale mit einer linearen Funktion als Polarabstand eine archimedische Spirale (Kap. 3). Archimedische Spiralen treffen finden wir bei aufgerolltem oder aufgewickeltem Material konstanter Dicke, zum Beispiel bei Teppichen im Baumarkt, WC-Papier oder Biskuitrollen.

Bei einer fallenden linearen Funktion als Polarabstand entsteht eine gegenläufige Spirale (Abb. 1.5). Sie ist spiegelbildlich zur Spirale der Abb. 1.4.

Auch dies ist eine archimedische Spirale.

Eine Funktion, die entweder nur zunimmt oder nur abnimmt, heißt eine monoton wachsende oder monoton fallende Funktion. Mit einer monotonen Funktion als Polarabstand ergibt sich immer eine Spirale.

1.1.2 Logarithmische Spiralen

Eine Spirale mit einer Exponentialfunktion als Polarabstand (Abb. 1.6) wird traditionellerweise als logarithmische Spirale bezeichnet (Kap. 2). Dies darum, weil der Polarwinkel logarithmisch vom Polarabstand abhängt. Das ist die umgekehrte Sicht. Die Logarithmusfunktion ist denn auch die Umkehrfunktion der Exponentialfunktion.

Logarithmische Spiralen treten in der Natur bei einem zirkulären exponentiellen Wachstum auf, zum Beispiel bei Schnecken (Abb. 1.1) (vgl. [1, 2]). Das exponentielle Wachstum wird besonders deutlich, wenn auch die Strichdicke mit einbezogen wird (Abb. 1.7 und 1.8).

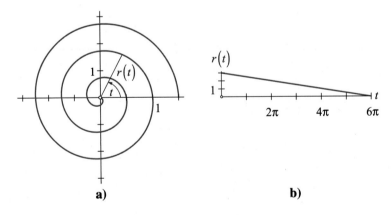

a)   b)

Abb. 1.5 Gegenläufige archimedische Spirale

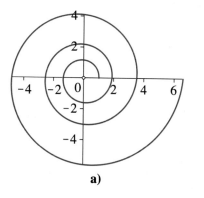

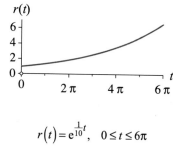

$$r(t) = e^{\frac{1}{10}t}, \quad 0 \le t \le 6\pi$$

a) **b)**

Abb. 1.6 Logarithmische Spirale

Abb. 1.7 Kreisel

Abb. 1.8 Exponentieller Schleuderkurs (▶ https://doi. org/10.1007/000-633)

1.1.3 Asymptoten

Die Kehrwert-Funktion

$$r(t) = \frac{1}{t}$$

hat beide Koordinatenachsen als Asymptoten (Abb. 1.9). Die t-Achse als horizontale Asymptote hat zur Folge, dass sich die Spirale mit der Kehrwert-Funktion als Polarabstand unendlich oft und immer enger um den Ursprung windet, ohne diesen je zu erreichen. Der Ursprung ist also eine punktförmige Asymptote der Spirale. Derselbe Effekt entsteht auch bei einer Exponential-funktion als Polarabstand.

Die senkrechte Achse als Asymptote der Kehrwertfunktion bewirkt, dass die Spirale eine horizontale Asymptote auf der Höhe 1 hat. Dies kann so eingesehen werden: die Spirale hat die y-Koordinate:

$$y(t) = \frac{1}{t} \sin{(t)} \tag{1.2}$$

Nun ist aber:

$$\lim_{t \to 0} \left(\frac{1}{t} \sin{(t)} \right) = 1 \tag{1.3}$$

Daraus ergibt sich für die Spirale die horizontale Asymptote auf der Höhe 1.

Ein weiteres Beispiel mit einer Asymptote: Die Funktion

$$r(t) = 1 - e^{-t}, 0 \leq t \leq 6\pi \tag{1.4}$$

hat im kartesischen t-r-Koordinatensystem eine horizontale Asymptote auf der Höhe 1 (Abb. 1.10). Die zugehörige Spirale nähert sich von innen her asymptotisch dem Einheitskreis.

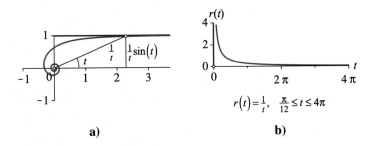

a)   b)

Abb. 1.9 Kehrwert

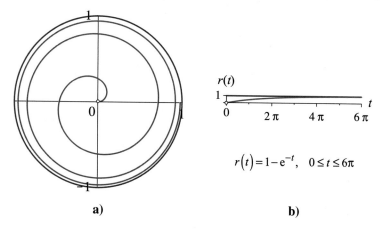

$$r(t) = 1 - e^{-t}, \quad 0 \le t \le 6\pi$$

a) b)

Abb. 1.10 Kreis als Asymptote

1.2 Aufwickeln und Abwickeln

Ein Strang wird gemäß Abb. 1.11 um zwei Zylinder gewickelt. So entstehen zwei Schraubenlinien (Kap. 4).

In der Abb. 1.11a ist beim hellblauen Zylinder eine Rechtsschraube aufgewickelt, beim gelben Zylinder eine Linksschraube. In der Abb. 1.11b sind es zwei Rechtsschrauben.

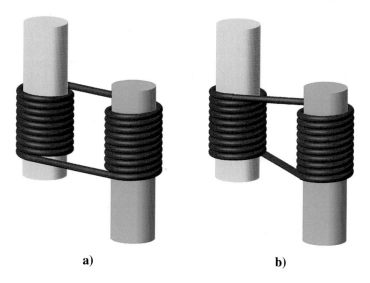

a) b)

Abb. 1.11 Aufwickeln und Abwickeln

Abb. 1.12 Transmission (▸ https://doi.org/10.1007/000-632)

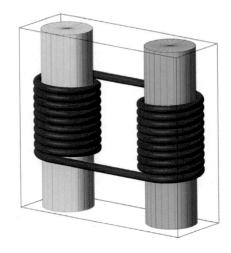

Abb. 1.13 Kreuzweise Transmission (▸ https://doi.org/10.1007/000-635)

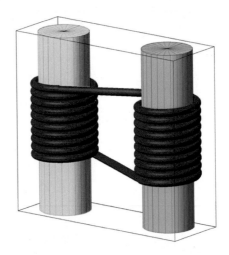

   Wenn der der hellblaue Zylinder von oben gesehen im positiven Sinn gedreht wird und die Bewegung sich reibungsfrei auf den Strang und von da auf den gelben Zylinder übertragen soll, muss sich der gelbe Zylinder nach unten bewegen (Abb. 1.12 und 1.13).

   Die Abb. 1.14 zeigt eine aufgewickelte Rampe konstanter Steigung. In der Sicht von oben sieht man eine sogenannte Kreisevolvente (siehe Abschn. 3.7) aufgebaut ist. Die Sicht von vorne zeigt, dass der Umriss in eine quadratische Parabel passt.

   Der Turm zu Babel wurde nicht fertig gebaut (1. Mose 11, 1–9). Auf welcher Höhe war die Hälfte des geplanten Bauvolumens erreicht und damit die Hälfte der Baukosten verbaut?

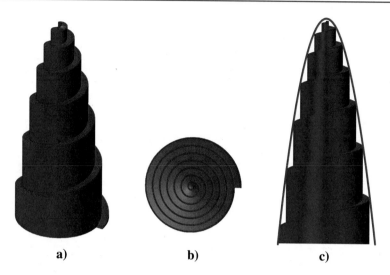

a)   b)   c)

Abb. 1.14 Turm zu Babel

Das halbe Volumen hat vom Scheitel her gerechnet einen Abstand von

$$\sqrt{\frac{1}{2}} \approx 70{,}7107\,\%$$

der Gesamthöhe. Von unten her gerechnet ist also bei einer Bauhöhe von 29,2893 % der Gesamthöhe das halbe Volumen verbaut. Erstaunlich ist, dass hier eine Quadratwurzel erscheint und nicht wie erwartet eine Kubikwurzel.

Man rechnet mit dem Volumen des Umriss-Rotationsparaboloides. Da nur eine Verhältnisrechnung durchzuführen ist und alle Rotationsparaboloide ähnlich sind, kann man sich auf den Standardfall mit dem Meridian

$$y = x^2, \ 0 \le x \le 1$$

beschränken. Für das Volumen vom Scheitel bis zur Höhe h ergibt sich:

$$V_0^h = \int_0^h \pi \left(\sqrt{y}\right)^2 dy = \pi \int_0^h y\,dy = \frac{1}{2}\pi h^2 \tag{1.5}$$

Insbesondere ist das gesamte Volumen $V_0^1 = \frac{1}{2}\pi$. Nun soll:

$$V_0^h = \frac{1}{2}V_0^1 \Rightarrow \frac{1}{2}\pi h^2 = \frac{1}{2}\left(\frac{1}{2}\pi\right) \Rightarrow h = \sqrt{\frac{1}{2}}. \tag{1.6}$$

1.3   Spiralen sehen

Die Abb. 1.15 zeigt zwei spiegelbildliche Figuren. Darin werden je vier Spiralen gesehen. Es handelt sich dabei um eckige logarithmische Spiralen (Kap. 5).

In der Deformationskette (Abb. 1.16) werden die beiden Figuren ineinander übergeführt. In der mittleren Figur ist schwer zu entscheiden, in welchem Drehsinn die Spiralen laufen.

Nun ist In der Abb. 1.17 jeweils die links oben beginnende Spirale rot markiert. Dies öffnet die Augen für weitere Spiralen.

Es hat in den Figuren also Spiralen, die vorher nicht gesehen wurden Abb. 1.18. Man wird das Opfer einer optischen Täuschung. (Kap. 9), und zwar im Sinne, dass nicht gesehen wird, was tatsächlich vorhanden ist.

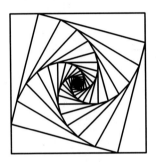
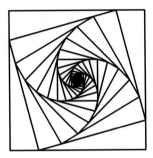

Abb. 1.15   Spiegelbildliche Spiralen

Abb. 1.16   Deformationskette

Abb. 1.17   Markierung einer Spirale

1.4 Zahlenspirale

Im Zahlenschema (Abb. 1.19a) erkennt man eine eckige Spirale (Abb. 1.19b). Bei einer Färbung mit zwei Farben bezüglich ungerade und gerade ergibt sich ein Schachbrettmuster.

Die Zahlenfelder können längs der Spirale mit den Regenbogenfarben versehen werden (Abb. 1.20a). Die aufsteigenden Zahlen werden durch eine spiralförmige Treppe visualisiert (Abb. 1.20b).

Abb. 1.18 Deformation der Spiralen (▶ https://doi.org/10.1007/000-636)

Abb. 1.19 Zahlenspirale

1	16	15	14	13
2	17	24	23	12
3	18	25	22	11
4	19	20	21	10
5	6	7	8	9

a)

1	16	15	14	13
2	17	24	23	12
3	18	25	22	11
4	19	20	21	10
5	6	7	8	9

b)

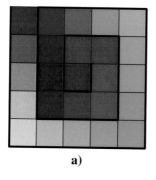

a)

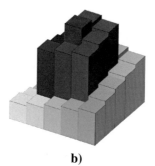

b)

Abb. 1.20 Regenbogen und Treppenturm

Literatur

1. Cook TA (1979) The curves of life. Dover, New York
2. Hartmann H, Mislin H (1985) Die Spirale im menschlichen Leben und in der Natur. Museum für Gestaltung, Basel
3. Heitzer J (1998) Spiralen, ein Kapitel phänomenaler Mathematik. Klett, Leipzig
4. Maor E, Jost E (2014) Beautiful geometry. Princeton University Press, Princeton
5. Meinhardt H (1997) Wie Schnecken sich in Schale werfen. Muster tropischer Meeresschnecken als dynamische Systeme. Springer, Berlin. ISBN 3-540-61945-3

Die logarithmische Spirale

2

Inhaltsverzeichnis

2.1   Polargleichung   13
2.2   Standardisierte Darstellung.   14
2.3   Drehstreckung.   15
2.4   Eckige logarithmische Spiralen   16
2.5   Jacob Bernoulli.   17
2.6   Konstanter Schnittwinkel   18
2.7   Anzahl Daten   21
2.8   Beispiele von logarithmischen Spiralen   23
2.9   Würfelverdoppelung mit Stern und Spirale   25
Literatur   28

Logarithmische Spiralen sind sowohl ästhetisch wie auch mathematisch die schönsten Spiralen. Eine wesentliche Rolle spielt dabei das exponentielle Wachstum.

2.1   Polargleichung

Die logarithmische Spirale hat die Polardarstellung:

$$r(t) = ab^t \tag{2.1}$$

Dabei ist r der Polarabstand und t der Polarwinkel. Der Polarabstand hängt also exponentiell vom Polarwinkel ab. Umgekehrt hängt der Polarwinkel logarithmisch

Ergänzende Information Die elektronische Version dieses Kapitels enthält Zusatzmaterial, auf das über folgenden Link zugegriffen werden kann https://doi.org/10.1007/978-3-662-65132-2_2. Die Videos lassen sich durch Anklicken des DOI Links in der Legende einer entsprechenden Abbildung abspielen, oder indem Sie diesen Link mit der SN More Media App scannen.

© Der/die Autor(en), exklusiv lizenziert an Springer-Verlag GmbH, DE, ein Teil von Springer Nature 2022
H. Walser, *Spiralen, Schraubenlinien und spiralartige Figuren*,
https://doi.org/10.1007/978-3-662-65132-2_2

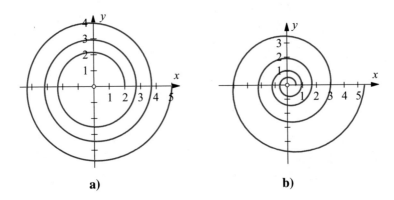

Abb. 2.1 Logarithmische Spiralen

vom Polarabstand ab. Daher der Name logarithmische Spirale. Der Faktor a in Gl. 2.1 ist lediglich ein Skalierungsfaktor. Wesentlich ist die Basis b in Gl. 2.1. Der Skalierungsfaktor kann auf 1 gesetzt werden, wenn nur die Form der Spirale interessiert.

Die Abb. 2.1a zeigt die logarithmische Spirale für $a = 2$, $b = 1{,}05$, $0 \le t \le 6\pi$, die Abb. 2.1b die logarithmische Spirale für $a = 0{,}5$, $b = 1{,}1$, $0 \le t \le 8\pi$.

Der Startpunkt (im Innern) der Spirale der Abb. 2.1a ist bei $x = 2$, der Startpunkt der Spirale der Abb. 2.1b bei $x = 0{,}5$. Die Endpunkte sind keine „schöne" Zahlen. So hat etwa der Endpunkt der Spirale der Abb. 2.1a die Koordinaten $\left(2 \cdot 1{,}05^{6\pi}, 0\right) \approx (5{,}017, 0)$.

Wenn es keine Einschränkung für den Polarwinkel t gibt, windet sich die logarithmische Spirale unendlich oft um das Zentrum.

2.2   Standardisierte Darstellung

Bei Exponentialfunktionen wird gerne die Basis $e \approx 2{,}718$ der natürlichen Logarithmen verwendet. Das führt zur Darstellung:

$$r(t) = ab^t = e^{\lambda t + \mu} \tag{2.2}$$

Die Koeffizienten λ und μ können aus a und b bestimmt werden wie folgt. Aus dem Vergleich

$$r(t) = ab^t = e^{\lambda t + \mu} = e^{\mu} e^{\lambda t} \tag{2.3}$$

ergibt sich:

$$\begin{aligned} a &= e^{\mu} \Rightarrow \mu = \ln(a) \\ b &= e^{\lambda} \Rightarrow \lambda = \ln(b) \end{aligned} \tag{2.4}$$

Nun ist μ der Skalierungsfaktor. Der Skalierungsfaktor kann $\mu = 0$ gesetzt werden, wenn nur die Form der Spirale interessiert.

2.3   Drehstreckung

Für die logarithmische Spirale der Abb. 2.2 wurde die Darstellung $r(t) = e^{\lambda t}$ mit $\lambda = 0{,}1$ verwendet.

In der Abb. 2.2a ist zusätzlich ein Sektor mit dem Öffnungswinkel

$$\Delta t = \frac{\pi}{6} = 30°$$

eingezeichnet. Nun dreht man diesen Sektor um das Zentrum der Spirale um Δt und streckt gleichzeitig vom Zentrum aus mit dem Faktor

$$e^{\lambda \Delta t} \approx 1{,}054$$

Der Bildsektor passt nahtlos und fügt sich in die Spirale ein (Abb. 2.2b). Der Bildsektor ist ähnlich zum ersten Sektor.

Die anschließende Drehstreckung führt zur Abb. 2.2c. Und so weiter.

Das heißt aber, dass die logarithmische Spirale durch diese Drehstreckung global auf sich selber abgebildet wird. Das gilt nicht nur für die gewählte spezielle Drehstreckung. Eine logarithmische Spirale kann zunächst mit einem beliebigen Winkel verdreht und dann passend gestreckt werden, sodass sie mit sich selber zur Deckung kommt (Abb. 2.3). Umgekehrt kann auch mit einem beliebigen Faktor gestreckt und anschließend passend gedreht werden. Die logarithmische Spirale hat eine Drehstrecksymmetrie.

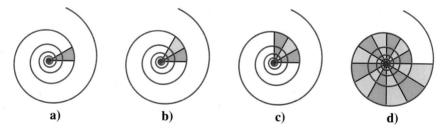

a)   b)   c)   d)

Abb. 2.2 Sektoren

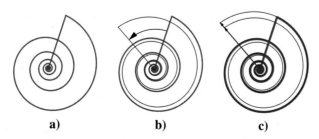

a)   b)   c)

Abb. 2.3 Drehen und Strecken

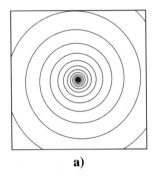 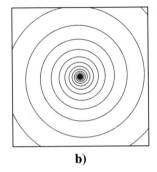

a)   b)

Abb. 2.4 Drehen oder Strecken?

Abb. 2.5 Was geht
hier ab? (▶ https://doi.
org/10.1007/000-638)

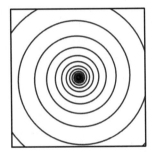

Wegen der Drehstrecksymmetrie kann nicht entschieden werden, ob zum
Beispiel der Übergang von der Abb. 2.4a zur b durch eine Drehung oder eine
Streckung oder eine Kombination von beiden erfolgte.

Was geschieht in der Animation der Abb. 2.5?

2.4   Eckige logarithmische Spiralen

Die eckige logarithmische Spirale (Abb. 2.6b) kann konstruiert werden wie folgt.
Auf einer gewöhnlichen logarithmischen Spirale (Abb. 2.6a) werden Punkte
in gleichen Drehwinkelabständen festgelegt. Vom Zentrum aus sieht man also
zwei aufeinanderfolgende Punkte immer unter demselben Winkel. Dann werden
systematisch je drei Punkte zu Dreiecken verbunden. Interessanterweise ergeben
in dieser Figur viele weitere eckige logarithmische Spiralen.

Bei einer gewöhnlichen logarithmischen Spirale kann mit einer beliebigen
Drehung und der dazu passenden Streckung die Spirale mit sich selber zur Deckung
gebracht werden. Insbesondere kann dies mit einer beliebig kleinen Drehung
gemacht werden. Bei der eckigen logarithmischen Spirale der Abb. 2.6b ist das nicht
möglich. Die kleinstmögliche Drehung ist durch die eckige Struktur vorgegeben (sie
beträgt im vorliegenden Beispiel 28,5°, dazu muss mit dem Faktor 1,03 gestreckt
werden). Natürlich kann auch um ein Vielfaches von 28,5° gedreht werden. Das ist

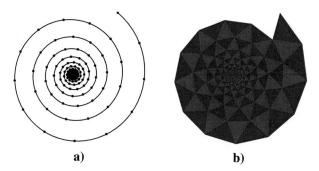

Abb. 2.6 Eckige logarithmische Spirale

zwar immer noch eine Drehstrecksymmetrie, aber die Drehung muss ein Vielfaches einer Minimaldrehung sein. Bei einer Drehung um das Doppelte von 28,5° beispielsweise ist der benötigte Streckfaktor das Quadrat von 1,03.

Ein analoger Sachverhalt liegt bei den Drehsymmetrien von Kreis und Quadrat vor. Ein Kreis kann um einen beliebigen und insbesondere beliebig kleinen Winkel um sein Zentrum verdreht werden. Beim Quadrat hingegen muss der Drehwinkel ein Vielfaches des rechten Winkels sein, damit das Quadrat mit sich selber zur Deckung kommt.

Eckige logarithmische Spiralen werden im Kap. 5 besprochen.

2.5   Jacob Bernoulli

Jacob Bernoulli (1654jul/1655greg −1705, Abb. 2.7b) gehörte zur berühmten Basler Gelehrtenfamilie Bernoulli, die mehrere Mathematiker hervorgebracht hat. Jacob Bernoulli war von der logarithmischen Spirale sehr angetan und wünschte

Abb. 2.7 Jacob Bernoulli

sich eine solche auf seinen Grabstein. Allerdings hat sich der Steinmetz bei seiner
Arbeit verhauen. Auf dem Epitaph von Jacob Bernoulli im Münsterkreuzgang in
Basel sieht man lediglich so etwas wie eine archimedische Spirale (Abb. 2.7a).

Die lateinische Umschrift EADEM RESURGO MUTATA („Ich werde verändert, aber als der Gleiche wieder auferstehen") kann auf die Drehstrecksymmetrie
der logarithmischen Spirale bezogen werden, aber auch auf den christlichen Auf-
erstehungsglauben von Jacob Bernoulli.

2.6   Konstanter Schnittwinkel

Aus der Drehstrecksymmetrie folgt, dass alle Radien die logarithmische Spirale
unter demselben Winkel schneiden (Abb. 2.3a). Der Schnittwinkel α für eine
Spirale mit der Darstellung

$$r(t) = e^{\lambda t}$$

kann wie folgt berechnet werden. Zunächst ist:

$$r(t + dt) = r(t) + dr = e^{\lambda t} + \lambda e^{\lambda t} dt$$
$$dr = \lambda e^{\lambda t} dt \tag{2.5}$$

Wir untersuchen nun das infinitesimal kleine Spiralstück welches sich beim
infinitesimal kleinen Winkelzuwachs dt ergibt (Abb. 2.8a).

Die Bogenlänge rechtwinklig zu den Radien ist:

$$r(t)dt = e^{\lambda t} dt \tag{2.6}$$

Das infinitesimal kleine Zuwachsdreieck ist rechtwinklig und hat wegen Gl. 2.5
und 2.6 die in der vergrößerten Abb. 2.8b angegebenen Kathetenlängen. Diese
Kathetenlängen unterscheiden sich um den Faktor λ (das ist die „innere Ableitung"

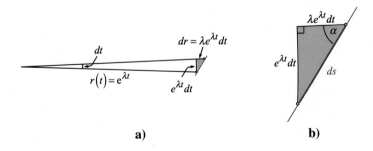

Abb. 2.8 Berechnung des Schnittwinkels

der Radiusfunktion). Für die infinitesimal kleine Hypotenuse ds erhalten wir nun mit dem Satz des Pythagoras:

$$ds = e^{\lambda t} \sqrt{1 + \lambda^2} dt \qquad (2.7)$$

Für den gesuchten Schnittwinkel α ergibt sich:

$$\tan(\alpha) = \frac{1}{\lambda} \qquad (2.8)$$

Der Schnittwinkel hängt nicht vom Drehwinkel t ab und ist daher konstant. Der Witz der Sache ist einmal mehr, dass die Exponentialfunktion im Wesentlichen ihre eigene Ableitungsfunktion ist.

2.6.1   Approximation der logarithmischen Spirale

Man kann nun auch umgekehrt vorgehen (Abb. 2.9b). In einem Radienbüschel trägt man zu einem Startradius einen gegebenen Winkel α ab und fährt geradlinig bis zum nächsten Radius. Von dort aus trägt man wieder den Winkel α ab und fährt geradlinig zum nächsten Radius. Und so weiter. So erhält man eine eckige logarithmische Spirale. Sie verläuft allerdings außerhalb der eigentlichen logarithmischen Spirale mit demselben Schnittwinkel (Abb. 2.9a) und ist nur eine Approximation.

2.6.2   Sonderfall

Aus Gl. 2.8 ergibt sich für die Spirale mit $\lambda = 1$ der Schnittwinkel $\alpha = 45°$ (Abb. 2.10a).

Die Abb. 2.10b zeigt eine recht grobe Approximation. Die Approximation wird durch Verdichtung des Radienbüschels verbessert (Abb. 2.11). Die eckige Spirale nähert sich der ursprünglichen logarithmischen Spirale.

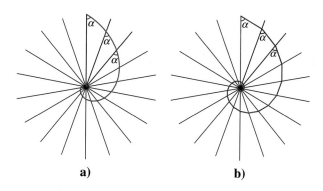

a)   b)

Abb. 2.9 Konstanter Schnittwinkel. Approximation

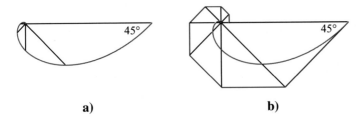

Abb. 2.10 Schnittwinkel 45°

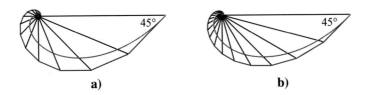

Abb. 2.11 Verdichtung

Aus den speziellen Spiralen der Abb. 2.10a kann man ein krummes Karomuster bauen (Abb. 2.12a). Die Vierecke sind näherungsweise Quadrate.

Die Kurven sind logarithmische Spiralen, welche die Radien unter Winkeln von ±45° schneiden. So entstehen rechte Winkel als Schnittwinkel zweier gegenläufiger Spiralen. Die in der Abb. 2.12b fett eingezeichnete Spirale hat die Polardarstellung:

$$r(t) = e^t, \ -\infty < t \leq 0 \tag{2.9}$$

Die Länge dieser Spirale kann auf verschiedene Arten bestimmt werden.

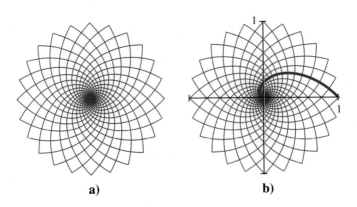

Abb. 2.12 Krummes Karomuster

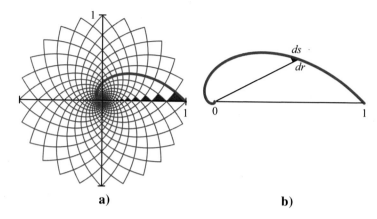

Abb. 2.13 Kleine rechtwinklig gleichschenklige Dreiecke

Anschauliches Vorgehen (Abb. 2.13a): Die fett eingezeichnete Spirale ist aus Symmetriegründen gleich lang wie der Dach-Zickzack-Weg oben an den kleinen blauen Dreiecken. Diese sind angenähert rechtwinklig gleichschenklige Dreiecke. Der obere Rand ist also angenähert $\sqrt{2}$ mal so groß wie die Basislinie mit der Länge 1. Die Annäherung wird umso besser, je mehr Spiralen eingezeichnet werden. Daher hat die fett eingezeichnete rote Spirale die Länge $\sqrt{2}$.

Geometrisches Vorgehen (Abb. 2.13b): Da die Radien die Spiralen unter 45° schneiden ist das eingezeichnete infinitesimal kleine Dreieck ein rechtwinklig gleichschenkliges Dreieck. Somit ist $ds = \sqrt{2}dr$. Da r von 0 bis 1 läuft, hat die Spirale die Gesamtlänge $\sqrt{2}$.

Rechnerisches Vorgehen: Aus Gl. 2.7 erhalten wir für unser Beispiel mit $\lambda = 1$:

$$ds = \sqrt{2}e^t dt$$

$$s = \sqrt{2} \int_{-\infty}^{0} e^t dt = \sqrt{2} \tag{2.10}$$

Die Spirale wickelt sich unendlich oft um das Zentrum. Trotzdem ist die Länge der Spirale von einem Startpunkt auf der Spirale bis ins Zentrum endlich. Dieses Phänomen ergibt sich auch bei geometrischen Reihen mit einem Quotienten zwischen null und eins: trotz der unendlich vielen Summanden ist die Summe endlich.

2.7 Anzahl Daten

Was braucht es, um eine logarithmische Spirale festzulegen?

Die Exponentialfunktion

$$r(t) = e^{\lambda t + \mu} \tag{2.11}$$

enthält die beiden Parameter λ und μ. Die Funktion ist durch zwei Informationen festgelegt. In einem kartesischen t-r-Koordinatensystem ist die zugehörige Exponentialkurve daher durch zwei Punkte festgelegt (Abb. 2.14a).

In Polarkoordinaten wird aus der Exponentialkurve eine logarithmische Spirale durch die beiden entsprechenden Punkte (Abb. 2.14b).

Nun gibt es aber weitere logarithmische Spiralen durch dieselben zwei Punkte (Abb. 2.15). Das bedarf einer Erklärung.

Der Witz der Sache besteht darin, dass der Übergang von einem kartesischen, also rechtwinkligen t-r-Koordinatensystem in die Polardarstellung eindeutig ist, die Umkehrung aber nicht. Wird der Polarwinkel eines Punktes um ein Vielfaches von 2π verändert, bleibt der zugehörige Punkt in der Polardarstellung scheinbar an Ort. In Wirklichkeit macht der Punkt eine oder mehrere volle Drehungen um den Nullpunkt. Im kartesischen t-r-Koordinatensystem wird dies sichtbar durch eine

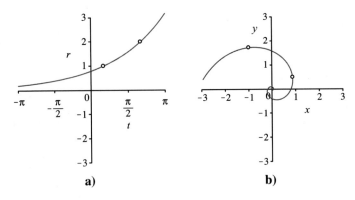

Abb. 2.14 Festlegung durch zwei Punkte

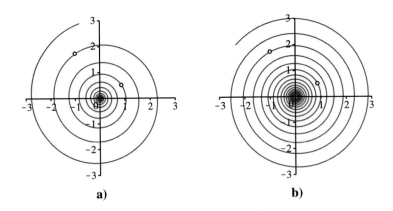

Abb. 2.15 Weitere logarithmische Spiralen

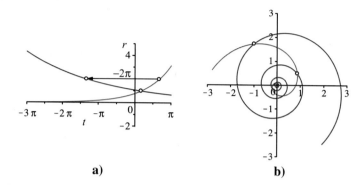

Abb. 2.16 Verschieben eines Punktes

Verschiebung um ein Vielfaches von 2π. Dadurch ergibt sich im kartesischen t-r -Koordinatensystem eine weitere Exponentialkurve (Abb. 2.16a) und entsprechend in der Polardarstellung eine weitere logarithmische Spirale (Abb. 2.16b).

2.8   Beispiele von logarithmischen Spiralen

2.8.1   Exponentielles Wachstum

Bei einem kreisförmigen, aber exponentiellen Wachstum entsteht eine Schnecke, vgl. Cook [1], Hartmann & Mislin, [2], Heitzer [3], Meinhardt [4].

Die Abb. 2.17 zeigt einen versteinerten Nautilus (Dogger, Jura, ca. 180 Mio. Jahre alt. Fundort Frickberg, Schweiz). Das Wachstum erfolgt kammerweise in Schüben. Daher gibt es zur Drehstrecksymmetrie einen minimalen Drehwinkel. Die Symmetriestruktur ist gleich wie bei eckigen logarithmischen Spiralen.

Abb. 2.17 Nautilus

2.8.2 Optische Täuschung

Die Abb. 2.18a zeigt 2500 zufällig verteilte Punkte zufälliger Größe. In der
Abb. 2.18b ist dieselbe Punktwolke längenmäßig auf 95 % verkleinert und um 5°
gedreht. Es wurde also eine Drehstreckung durchgeführt.

Nun werden die beiden Punktwolken zentrisch (Abb. 2.19a) oder exzentrisch
(Abb. 2.19b) überlagert. In beiden Fällen meint man logarithmische Spiralen zu sehen.

Das vermeintliche Zentrum der Spiralen ist jeweils das Zentrum der Drehstreckungen, jener Punkt also, bei dem Bild und Urbild übereinstimmen. Im vorliegenden Beispiel bewirkt die Drehstreckung wegen des kleinen Drehwinkels und
dem Streckfaktor nahe bei eins nur kleine Veränderungen. Insbesondere ändern
Punkte in Zentrumsnähe ihre Lage nur sehr wenig, sodass optisch ein Schmier-
effekt entsteht. Man meint Spiralen zu sehen.

In der Animation Abb. 2.20 bleibt die Punktwolke der Abb. 2.18a fest, die
Punktwolke der Abb. 2.18b wird in vertikaler Richtung etwas bewegt.

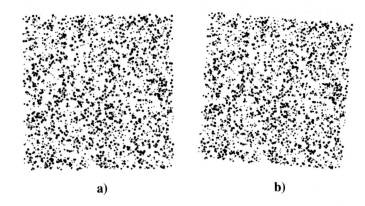

a)   b)

Abb. 2.18 Punktwolken

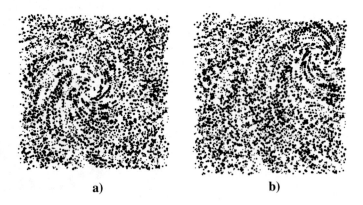

a)   b)

Abb. 2.19 Spiralen

Abb. 2.20 Hurrikan (▶ https://doi.org/10.1007/000-637)

2.9 Würfelverdoppelung mit Stern und Spirale

Ein klassisches Problem der Raumgeometrie ist die volumenmäßige Würfelverdoppelung. Zu einem gegebenen Würfel soll ein Würfel konstruiert werden, der das doppelte Volumen hat. Wenn also beide Würfel massiv aus demselben homogenen Material hergestellt sind, soll der zweite doppelt so schwer sein wie der erste. Dieses Problem ist mit Zirkel und Lineal nicht lösbar.

Es geht aber mit anderen Methoden, so auch mit einer geeigneten Spirale und einem regelmäßigen 3-Stern. Man verwendet die logarithmische Verdoppelungsspirale, deren Abstand vom Zentrum sich mit jedem Umlauf verdoppelt (Abb. 2.21). Diese Spirale hat die Parameterdarstellung:

$$x(t) = 2^t \cos(2\pi t)$$
$$y(t) = 2^t \sin(2\pi t)$$

(2.12)

Die Abb. 2.21b zeigt zusätzlich einen regelmäßigen Dreistern. Das Sternzentrum liegt auf dem Spiralenzentrum.

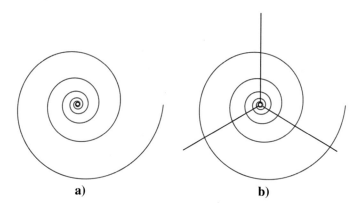

a)   b)

Abb. 2.21 Spirale und Stern

Man überträgt nun die Kantenlänge des gegebenen Würfels vom Zentrum aus auf den senkrechten Ast des regelmäßigen 3-Sternes (Abb. 2.22a). Der Endpunkt der Kante liegt in der Regel nicht auf der Spirale. Nun dreht (oder streckt) man die Spirale, bis sie durch den Endpunkt der Kante verläuft (Abb. 2.22b). Von diesem Endpunkt aus geht man auf der Spirale vorwärts und rückwärts bis je zum nächsten Ast des Dreisterns. Das ergibt die Kantenlängen des volumenmäßig doppelt so großen beziehungsweise halb so großen Würfels.

In der Darstellung der Abb. 2.23 ist allerdings nicht mit den echten Würfelkanten verfahren worden, sondern mit einer verkürzten Version. Da aber bei der

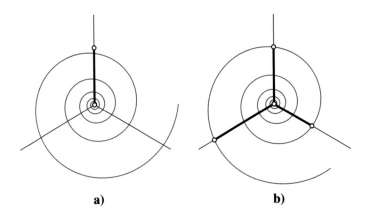

a)   b)

Abb. 2.22 Einpassen der Kantenlänge

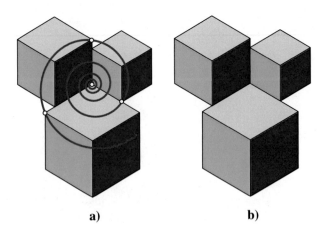

a)   b)

Abb. 2.23 Halbieren und Verdoppeln

verwendeten Darstellungsart der isometrischen Axonometrie sämtliche Würfelkanten gleich verkürzt werden (nämlich auf etwa 81,65 %) hat das keinen Einfluss auf die Volumenverhältnisse.

Die Stimmigkeit dieses Verfahrens mit der Verdoppelungsspirale ergibt sich wie folgt. Bei einer logarithmischen Spirale wächst der Radius exponentiell mit dem Drehwinkel.

Für eine volle Drehung ergibt sich der Wachstumsfaktor

$$2^1 = 2$$

Für eine Dritteldrehung im positiven Drehsinn ergibt sich entsprechend der Faktor

$$2^{\frac{1}{3}} = \sqrt[3]{2}$$

Das ist genau der für die Volumenverdoppelung benötigte Faktor.

Das zur Würfelverdoppelung analoge zweidimensionale Problem ist die Flächenverdoppelung des Quadrates. Dazu muss mit einem „Zweistern" gearbeitet werden, einem Durchmesser also (Abb. 2.24a). Natürlich geht die Lösung einfacher mit rechtwinklig-gleichschenkligen Dreiecken.

Bewohner einer fünfdimensionalen Hyperwelt müssten für die Viertelung, Halbierung, Verdoppelung oder Vervierfachung eines fünfdimensionalen Hyperwürfels mit einem fünfteiligen Stern arbeiten (Abb. 2.24b).

Mit einer Zwölferteilung kann man einerseits im zwölfdimensionalen Hyperraum wirtschaften, andererseits aber auch die Orgelpfeifen einer gleichtemperierten Zwölftonstimmung unterbringen (Abb. 2.25). Für zwölf Tonschritte braucht es 13 Orgelpfeifen. Die kleinste hat die doppelte Frequenz der größten.

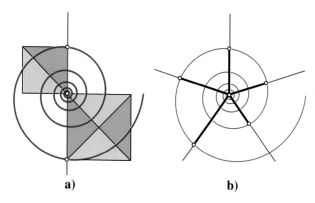

a)   **b)**

Abb. 2.24 Zweidimensional und fünfdimensional

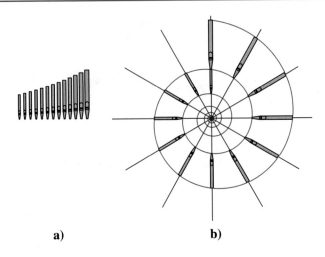

a)   b)

Abb. 2.25   Orgelpfeifen

Literatur

1. Cook TA (1979) The curves of life. Dover, New York
2. Hartmann H, Mislin H (1985) Die Spirale im menschlichen Leben und in der Natur. Museum für Gestaltung, Basel
3. Heitzer J (1998) Spiralen, ein Kapitel phänomenaler Mathematik. Klett, Leipzig
4. Meinhardt H (1997) Wie Schnecken sich in Schale werfen. Muster tropischer Meeres-schnecken als dynamische Systeme. Springer, Berlin. ISBN 3-540-61945-3

Die archimedische Spirale

3

Inhaltsverzeichnis

3.1	Lineare Radiusfunktion	30
3.2	Zwischenraum	30
3.3	Die Parabel kommt ins Spiel	32
3.4	Versetzte Kreise	33
3.5	Ausmalen	37
3.6	Abwickeln und Aufwickeln	38
3.7	Kreisevolvente	39
3.8	Beispiele aus dem Alltag	44
3.9	Die Spiralen des Pythagoras	45
3.10	Der Bart des Archimedes	46
Literatur		48

Es werden archimedische Spiralen beschrieben sowie Spiralen, welche optisch recht ähnlich aussehen und als Approximationen der archimedischen Spirale dienen können.

Ergänzende Information Die elektronische Version dieses Kapitels enthält Zusatzmaterial, auf das über folgenden Link zugegriffen werden kann https://doi.org/10.1007/978-3-662-65132-2_3. Die Videos lassen sich durch Anklicken des DOI Links in der Legende einer entsprechenden Abbildung abspielen, oder indem Sie diesen Link mit der SN More Media App scannen.

© Der/die Autor(en), exklusiv lizenziert an Springer-Verlag GmbH, DE, ein Teil von Springer Nature 2022
H. Walser, *Spiralen, Schraubenlinien und spiralartige Figuren*,
https://doi.org/10.1007/978-3-662-65132-2_3

3.1   Lineare Radiusfunktion

In Polarkoordinaten hat eine archimedische Spirale die Darstellung:

$$r(t) = at + b \tag{3.1}$$

Es wird also eine lineare Funktion „aufgewickelt". Saloppe Formulierung: je
Drehung desto Abstand.

Die Abb. 3.1a zeigt zunächst die Radiusfunktion für das Beispiel

$$r(t) = \frac{1}{2\pi}t, \ 0 \le t \le 6\pi \tag{3.2}$$

in einem kartesischen t-r-Koordinatensystem. Der Radius r wächst gleichmäßig
mit dem Drehwinkel t. Die Abb. 3.1b zeigt die zugehörige archimedische Spirale.

Sie beginnt für den Drehwinkel $t = 0$ im Ursprung. Für den Drehwinkel
$t = 2\pi$ ist $r(2\pi) = 1$, die Spirale schneidet die x-Achse an der Stelle 1. Weiter
ist $r(4\pi) = 2$ und $r(6\pi) = 3$ mit den entsprechenden Schnittpunkten auf der x-
Achse. Die Spirale hat insgesamt 3 Windungen.

3.2   Zwischenraum

Die Spirale (Abb. 3.1) schneidet die positive x-Achse an den Stellen 0, 1, 2, 3. Der
horizontale Abstand zwischen zwei Spiraldurchgängen ist daher auf der positiven
x-Achse immer gleich, nämlich eins.

Nun schneidet aber die positive x-Achse die Spirale nicht rechtwinklig, sondern
schräg. Zudem variiert der Schnittwinkel zur x-Achse, wie aus den in der Abb. 3.2
eingezeichneten blauen Tangenten ersichtlich ist. Allerdings nähert sich der
Schnittwinkel nach außen immer mehr einem rechten Winkel an.

Die beiden eingefügten farbigen Kreise haben beide den Durchmesser 1. Der
gelbe Kreis in der Nähe des Zentrums lässt sich nicht zwischen zwei Spiraldurchgänge einpassen. Der Abstand der beiden Spiraldurchgänge ist deutlich kleiner
als 1. Beim grünen Kreis weiter außen ist die Situation weniger klar. Aber auch

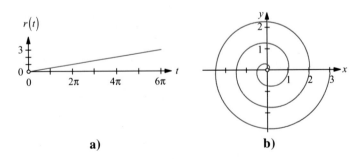

a)   b)

Abb. 3.1 Archimedische Spirale

Abb. 3.2 Wie dick ist die Spirale?

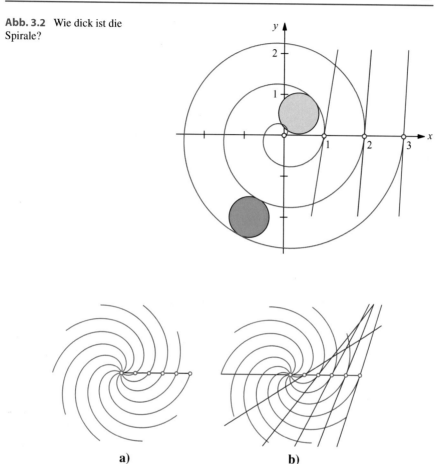

Abb. 3.3 Spiralenschar mit Tangenten

a)   b)

er passt nicht hinein. Dies lässt sich in einer exakten Zeichnung mit dynamischer Geometrie-Software durch Zoomen einsehen.

Ein Kreis mit einem Durchmesser, der etwas kleiner als 1 ist, lässt sich genügend weit außen zwischen zwei Spiraldurchgänge einfügen. Bei Annäherung an das Zentrum bleibt er aber irgendwo stecken. Die archimedische Spirale ist nicht überall „gleich dick", obwohl dies der Augenschein nahelegt.

Allerdings gibt es auch Spiralen, die tatsächlich überall gleich dick sind (Abschn. 3.4, 3.5, 3.6 und 3.7).

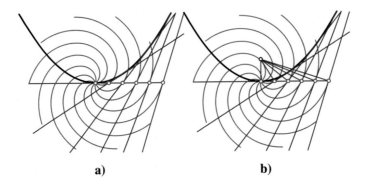

a)   b)

Abb. 3.4 Parabel und Brennpunkt

Abb. 3.5 Tangente (▶
https://doi.org/10.1007/000-
63a)

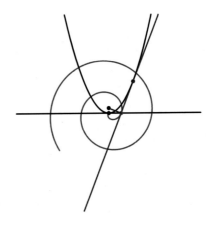

3.3   Die Parabel kommt ins Spiel

Eine Schar von gleichmäßig verdrehten archimedischen Spiralen (Abb. 3.3a)
wird von einem horizontal vom Zentrum ausgehenden Strahl in gleichmäßigen
Abständen geschnitten. Die Tangenten in diesen Schnittpunkten sind nicht parallel
(Abb. 3.3b). Sie werden gegen außen immer steiler.

Die Enveloppe dieser Tangenten ist eine Parabel (Abb. 3.4a).

Die Normalen an die Spiralen in den Schnittpunkten verlaufen durch einen
gemeinsamen Punkt (Abb. 3.4b). Dieser ist der Brennpunkt der Parabel. Nachweis
durch Rechnen. Die Animation (Abb. 3.5) illustriert den Sachverhalt.

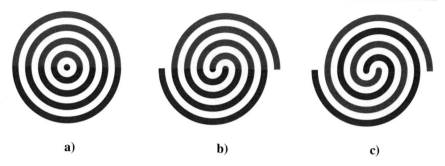

a)   b)   c)

Abb. 3.6 Versetzte Halbkreise

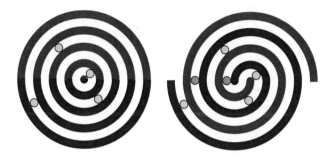

Abb. 3.7 Kreisscheiben einpassen

Abb. 3.8 Bandornament

3.4   Versetzte Kreise

Eine konzentrische Kreisschar mit gleichen Abständen wird waagerecht durch-geschnitten (Abb. 3.6a). Anschließend wird die obere Hälfte um eine Einheit nach rechts versetzt (Abb. 3.6b). Durch geeignetes Umfärben ergeben sich zwei ineinanderlaufende Spiralen (Abb. 3.6c). Die Spiralen sind keine echten archi-medischen Spiralen, sondern aus Halbkreisen zusammengesetzt.

An beliebigen Stellen der Figur können Kreisscheiben mit gleichem Durch-messer eingepasst werden (Abb. 3.7).

Abb. 3.9 Versatz um zwei Einheiten

Abb. 3.10 Bandornament mit drei Farben

Abb. 3.11 Versatz um drei Einheiten

Die Halbkreise einer Spirale gehen an den Übergangstellen der Halbkreise glatt ineinander über. Da deren Radien aber ungleich sind, ergibt sich an den Übergangsstellen jeweils ein Krümmungssprung. Trotzdem lassen sich auch dort Kreisscheiben einpassen.

Die zwei ineinanderlaufenden Spiralen können zu einem Bandornament zusammengesetzt werden (Abb. 3.8). Es ergeben sich ineinander gehängte Doppelspiralen.

Wie ist es, wenn die obere Hälfte um zwei oder drei Einheiten nach rechts verschoben wird? – Bei einem Versatz um zwei Einheiten werden drei Farben benötigt (Abb. 3.9 und 3.10).

Ein Versatz um drei Einheiten vereinfacht die Farbwahl (Abb. 3.11).

Das zugehörige Bandornament ist recht einfach (Abb. 3.12). Es sind ineinander gehängte S-Kurven.

Kann die Kreisschar auch gedrittelt werden? – Die Abb. 3.13 zeigt ein Beispiel (mit einem kleinen gleichseitigen Dreieck im Zentrum). Die Krümmungssprünge werden jetzt deutlich sichtbar, vor allem im Zentrum der Figur.

Abb. 3.12 Bandornament aus S-Kurven

Abb. 3.13 Drittelung der Kreisschar

Abb. 3.14 Hexagonal-Struktur

Natürlich geht das entsprechend mit Vierteln, Fünfteln, Sechsteln und so weiter.

Statt einem Bandornament ergibt sich beim Dritteln ein Flächenornament mit einer Hexagonal-Struktur. Also ein barockes Bienenwabenmuster (Abb. 3.14).

Beim Vierteln ergibt sich wie erwartet eine quadratische Struktur (Abb. 3.15). Das Bild guckt scheinbar schief aus der Wäsche, ist aber korrekt positioniert. Die kleinen weißen Quadrate in den Spiralzentren sind parallel zu den Seitenrändern. Der schiefe Eindruck ergibt sich durch den Versatz der Spiralenteile.

Abb. 3.15 Quadratische
Struktur

a)

b)

Abb. 3.16 Probleme beim Fünfteln und Sechsteln

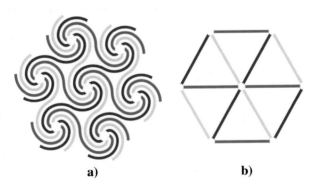

a)   b)

Abb. 3.17 Sechsteln mit drei Farben

Beim Fünfteln stellen sich geometrische Probleme beim Zusammenfügen der Spiralen. Die Figuren schließen sich nicht (Abb. 3.16a). Der Grund liegt darin, dass ein regelmäßiges Flächenornament keine fünfteilige Drehsymmetrie enthalten kann. Daher kann ein Boden nicht mit regelmäßigen Fünfecken gefliest werden.

Beim Sechsteln schließt sich die Figur linienmäßig, aber die Farben kommen sich in die Quere (Abb. 3.16b). Das Problem der Farbkollision ist lösbar mit nur drei zyklisch verteilten Farben (Abb. 3.17a).

Topologisch entsteht ein simples Dreiecksraster (Abb. 3.17b). Die Knotenpunkte sind ausgesparte regelmäßige Sechsecke.

Man kann an den Knoten der Abb. 3.17b je einen Innensechskantschlüssel (Inbusschlüssel, Allen key) ansetzen und diese Schlüssel synchron drehen, um das Ab- und Aufwickeln zu bewerkstelligen. Damit kommt man von der Abb. 3.17b zur 3.17a zurück.

3.5 Ausmalen

In den Beispielen der Abb. 3.6 bis 3.17 waren die Kreislinien farbig. Man kann die Situation aber auch umkehren: zu vorgegebenen schwarzen Kreislinien (Abb. 3.18) sucht man die Zwischenräume auszumalen. Wie viele Farben braucht es?

Die beiden Beispiele der Abb. 3.18 sehen fast gleich aus. Der Unterschied wird erst beim Ausmalen deutlich. Das Beispiel der Abb. 3.18a kann mit zwei Farben ausgemalt werden (Abb. 3.19a), aber nicht mit mehr als zwei Farben.

Die Abb. 3.18b lässt nur eine Farbe zu (Abb. 3.19b), jedenfalls wenn das Ornament unendlich lang gedacht ist.

Mit der Formulierung „unendlich lang denken" wird die Frage der offenen Enden umgangen, wo man allenfalls mit einer weiteren Farbe einfahren könnte.

Zur Vermeidung dieser sprachlichen Kapriole kann man die Situation kreisförmig gestalten (Abb. 3.20). Ein Kreis hat ja keine Enden.

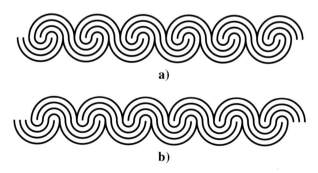

a)

b)

Abb. 3.18 Ausmalen?

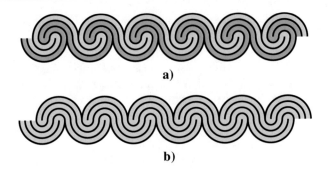

Abb. 3.19 Anzahl Farben

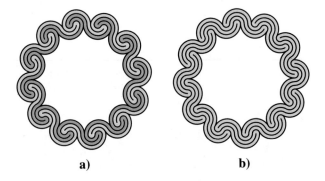

Abb. 3.20 Kreisförmige Bandornamente

3.6   Abwickeln und Aufwickeln

Ein Bindfaden wird an einem senkrechten Vierkantstab befestigt und aufgewickelt. Beim anschließenden Abwickeln beschreibt das äußere Ende des Bindfadens eine Spirale. Die Abb. 3.21 zeigt die Sicht von oben. Vom Vierkantstab sieht man nur den Querschnitt, ein Quadrat. Für die folgenden Rechnungen wird die Quadratseite auf 1 gesetzt.

Die Spirale ist aus Viertel-Kreisbögen zusammengesetzt. Bei zum Beispiel zwei Windungen sind es acht Viertel-Kreisbögen mit den aufeinanderfolgenden Radien 1, 2, 3, …, 8. Die Spiralenlänge s lässt sich daher einfach berechnen:

$$s = \frac{\pi}{2}(1 + 2 + \cdots + 8) = 18\pi \tag{3.3}$$

Bei n Viertel-Kreisbögen ergibt sich entsprechend für die Spiralenlänge s:

$$s = \frac{\pi}{2}(1 + 2 + \cdots + n) = \frac{\pi}{2}\frac{n(n+1)}{2} \tag{3.4}$$

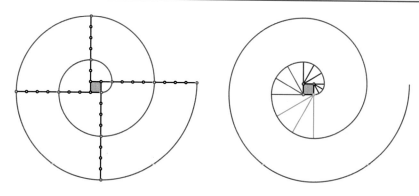

Abb. 3.21 Abwickeln

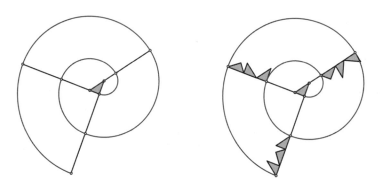

Abb. 3.22 Dreieck als Ausgangsfigur

Die Spiralenlänge s wächst also quadratisch mit n.

Der Abstand zwischen zwei Spiraldurchgängen ist 4, also der Umfang des Quadrates. Die Spirale ist überall gleich dick.

An den Übergangsstellen zweier aufeinanderfolgender Viertel-Kreisbögen gibt es einen Radiussprung und damit einen Krümmungssprung.

Das Quadrat kann natürlich durch ein anderes Vieleck ersetzt werden. Es braucht nicht regelmäßig zu sein (Abb. 3.22).

Der Abstand zwischen zwei Spiraldurchgängen ist der Umfang der umwickelten Figur.

3.7 Kreisevolvente

Wird das Quadrat in der Abb. 3.21 durch einen Kreis ersetzt (3.23), entsteht eine Kreisevolvente. Das Wort kommt vom lateinischen „evolvere" (sich entwickeln, abwickeln). Der Bindfaden wird nun also um einen Zylinder gewickelt.

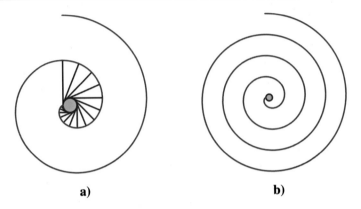

a)   b)

Abb. 3.23 Kreisevolvente

Das erinnert an die Karikatur vom bissigen Hund, dessen lange Leine an einem Baumstamm festgemacht ist. Ein Junge möchte ihn hänseln und rennt dazu in gebührendem Abstand um den Baum. Der Hund versucht ihm nachzurennen und wickelt seine Leine immer mehr auf. So kann's gehen.

Der Abstand zwischen zwei Spiraldurchgängen ist gleich dem Kreisumfang. Es gibt nun keine Krümmungssprünge mehr.

Alle Kreisevolventen haben dieselbe Form. Sie können sich nur noch in ihrer Größe unterscheiden. Man kann nämlich Kreis und Startpunkt zweier Kreisevolventen durch eine Ähnlichkeitsabbildung miteinander zur Deckung bringen. Ähnlichkeitsabbildungen sind Verschiebungen (Translationen), Drehungen (Rotationen), Streckungen (Zoomen) und Kombinationen davon. Sobald Kreis und Startpunkt aufeinander abgebildet sind, fallen auch die Evolventen aufeinander. Es gibt weitere Figuren in der Geometrie, die jeweils alle zueinander ähnlich sind, etwa Kreis, Quadrat, gleichseitiges Dreieck, Parabel. Dazu passt auch die Klothoide (Kap. 6).

3.7.1 Kartografie

Evolventen ergeben sich auch bei der Übertragung der geografischen Breite von der Erdkugel auf die Plattkarte (Abb. 3.24).

Dazu befestigt man einen Bindfaden am Äquator und spannt ihn auf der Erdkugel längs eines Meridians bis zur gewünschten geografischen Breite. Anschließend wird der Bindfaden abgewickelt, bis er senkrecht steht. Damit kommt man auf die entsprechende geografische Breite auf der Plattkarte. Alternativ kann auch einfach der Kugelumriss auf dem linken senkrechten Kartenrand abrollt werden, bis die entsprechende geografische Breite dort ankommt. Die Bahnkurve des Umrisspunktes der entsprechenden geografischen Breite ist eine Kreisevolvente.

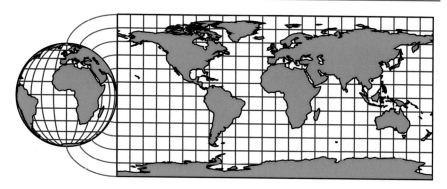

Abb. 3.24 Von der Erdkugel auf die Plattkarte

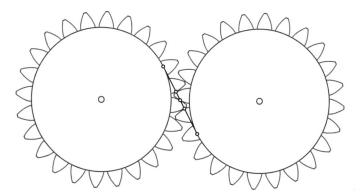

Abb. 3.25 Zahnräder

In der Plattkarte werden die Meridiane und der Äquator längenmäßig unverzerrt wiedergegeben. Die übrigen Breitenkreise werden allerdings verzerrt, und dies unterschiedlich je nach geografischer Breite.

3.7.2 Zahnräder

Kreisevolventen werden im Maschinenbau bei der Formgebung der Zähne von Zahnrädern verwendet (rot in Abb. 3.25). Die gemeinsame Tangente der Radkreise kann als Abwicklungs-Bindfaden gedeutet werden. Die Kontaktpunkte der Zähne liegen auf der gemeinsamen Tangente. Durch die Verwendung von Kreisevolventen wird erreicht, dass die Drehbewegung gleichmäßig vom einen Zahnrad auf das andere übertragen wird.

Im Kontext von Zahnrädern wurden Kreisevolventen bereits von Leonhard Euler (1701–1783) untersucht.

3.7.3   Optische Effekte

Eine Kreisevolvente kann wegen der konstanten Spurbreite mit kongruenten
Quadraten oder Rechtecken bestückt werden.

In der Abb. 3.26a sind es 101 nummerierte Quadrate, die Quadrate mit geraden
Nummern rot, die anderen blau gefärbt. Im Zentrum sieht es etwas unordentlich
aus, am Rand aber schön aufgereiht. Die Abb. 3.26b hat 1001 Quadrate ohne ein-
getragene Nummern, aber mit der alternierenden rot-blau-Färbung. Es entstehen
optische Effekte mit merkwürdigen Binnenstrukturen.

In Abb. 3.27 sind Rechtecke mit dem Seitenverhältnis 3:1 in die Kreisevolvente
eingebunden. Die Rechteckanordnungen sind in den beiden Figuren identisch. Die
alternierende rot-blau-Färbung macht aber Muster sichtbar, welche ohne Färbung
nicht gesehen werden.

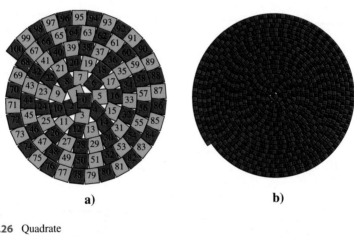

a)   b)

Abb. 3.26   Quadrate

Abb. 3.27   Rechtecke

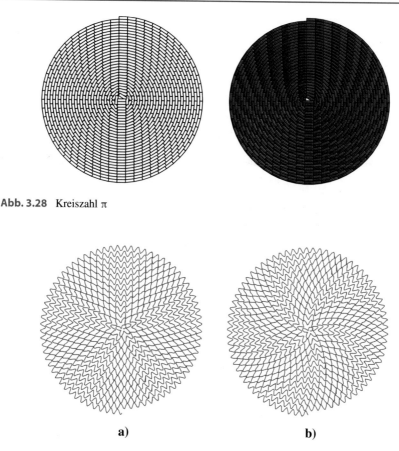

Abb. 3.28 Kreiszahl π

a)   **b)**

Abb. 3.29 Sinuskurven

In Abb. 3.28 ist das Seitenverhältnis der Rechtecke geringfügig auf $\pi:1$ verändert. Die Figuren werden nun einfach und überschaubar.

Der Hintergrund ist folgender. Nach einem Umlauf ist der Abstand vom
Zentrum um eine Rechteckbreite größer, die Bogenlänge ist daher wie beim Kreis
um 2π größer, also gerade zwei Rechtecklängen. Bei alternierender Färbung
kommen nach einem halben Umlauf zwei Rechtecke verschiedener Farbe und
nach einem vollen Umlauf zwei Rechtecke gleicher Farbe aufeinander zu liegen.
Nach einem Viertel-Umlauf entsteht einen Versatz um eine halbe Rechtecklänge
wie bei einem Backstein-Mauerwerk.

Beim Aufmodulieren einer Sinuskurve auf eine Kreisevolvente genügt eine
kleine Veränderung der Wellenlänge, um im Gesamtbild eine radiale Struktur
(Abb. 3.29a) oder aber eine leicht spiralförmige Struktur (Abb. 3.29b) hervorzu-
rufen.

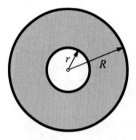
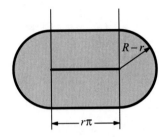

Abb. 3.30 WC-Papier-Rolle, original und zusammengepresst

3.8 Beispiele aus dem Alltag

Spiralen mit annähernd gleicher Dicke entstehen durch Auf- und Abrollprozesse, etwa als Querschnitt durch einen aufgerollten Teppich oder eine Biskuitrolle.

Der Klassiker ist natürlich die WC-Papier-Rolle. Der Umriss ist näherungsweise ein Kreis. Die WC-Papier-Rolle kann daher benutzt werden, um bei Kenntnis der Kreisumfangformel ($U = 2r\pi$) die Flächeninhaltformel für den Kreis herzuleiten. Die Story geht so: Vor vielen Jahren besuchte ich eine Tagung in P. Ein Bekannter riet mir, eine Rolle WC-Papier einzupacken. Als ich das Papier dann tatsächlich benötigte, war die Rolle im Rucksack zusammengepresst (Abb. 3.30).

Da die Flächeninhaltformel für den Kreis, wie der Name sagt, einen Flächeninhalt liefert, ist dafür der Ansatz $A = \alpha r^2$ sinnvoll. Gesucht ist α.

Der Querschnitt der ursprünglichen Rolle war ein Kreisring mit dem Außenradius R und dem Innenradius r. Für die Kreisringfläche A ergibt sich nach unserem Ansatz:

$$A = \alpha R^2 - \alpha r^2 = \alpha(R + r)(R - r) \tag{3.5}$$

In der zusammengepressten Situation liegt in der Mitte ein Rechteck der Länge πr (halber Umfang des inneren Kartonzylinders) und der Breite $2(R - r)$. An beiden Enden befindet sich je ein Halbkreis mit dem Radius $R - r$. Für die Gesamtfläche A ergibt sich daraus:

$$A = 2r\pi(R - r) + \alpha(R - r)^2 \tag{3.6}$$

Vergleich von Gl. 3.5 und 3.6 liefert:

$$\alpha(R + r)(R - r) = 2r\pi(R - r) + \alpha(R - r)^2$$
$$\alpha(R + r) = 2r\pi + \alpha(R - r) \tag{3.7}$$
$$\alpha = \pi$$

Somit ergibt sich für den Kreis die Flächeninhaltformel:

$$A = \pi r^2$$

Abb. 3.31 Kletterseil. Spielzeugkorb

Abb. 3.32 Rot = blau

Als weitere Beispiele von annähernd archimedischen Spiralen zeigt die Abb. 3.31 ein havariertes Kletterseil und einen umgekippten Korb.

Gemäß Kap. 2 bringt die Natur hauptsächlich logarithmische Spiralen als Folge eines exponentiellen Wachstums hervor. Demgegenüber sind archimedische Spiralen in der Regel „man made", erarbeitet von Menschen mit verschiedenen Kulturtechniken.

3.9 Die Spiralen des Pythagoras

Der Satz des Pythagoras wird in der Regel mit Quadraten illustriert. Die Quadrate können durch ihre Inkreise ersetzt und die Inkreise durch Spiralen approximiert werden (Abb. 3.32).

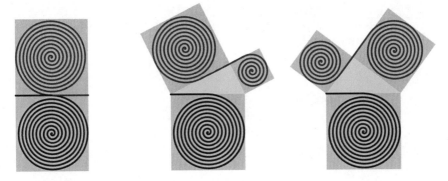

Abb. 3.33   Aufwickeln und Abwickeln

Abb. 3.34   Allgemeiner
Fall (▸ https://doi.
org/10.1007/000-639)

Auf- und entsprechendes Abwickeln der Kathetenspiralen illustriert die
Invarianz der Flächensumme der Kathetenquadrate (Abb. 3.33).

Die Flächensumme der Kathetenquadrate ist also invariant. m Grenzfall ist aber
eines der beiden Kathetenquadrate gleich groß wie das Hypotenusenquadrat und
das andere zu einem Punkt mit dem Flächeninhalt null zusammengeschrumpft.
Daraus ergibt sich auch im allgemeinen Fall die Gleichheit der Flächensumme der
Kathetenquadrate mit dem Flächeninhalt des Hypotenusenquadrates (Abb. 3.34).

3.10   Der Bart des Archimedes

Archimedes pflegte seine gelehrten Besucher mit der Frage zu nerven, wie groß in
der Abb. 3.35a der rote Anteil an der gesamten Kreisfläche sei [1]. Die Trennkurve
zwischen den Farben rot und grün ist eine archimedische Spirale.

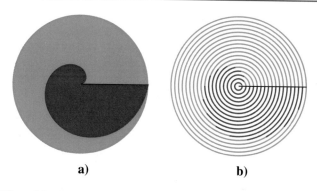

Abb. 3.35 Wie groß ist der rote Flächenanteil?

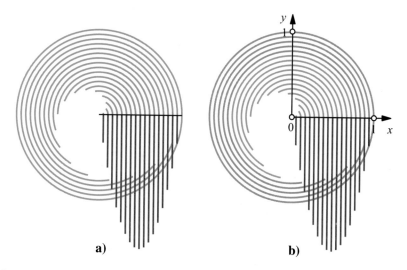

Abb. 3.36 Bart des Archimedes

Die Flächen können in konzentrische Fäden aufgelöst werden (Abb. 3.35b). Der längste rote Faden ist der in der Mitte. Er hat den Sektorwinkel π und im Einheitskreis den Radius 0,5. Seine Länge ist daher $0,5\pi$.

Nun wird das eine Ende der roten Fäden an der horizontalen schwarzen Linie befestigt und das andere Ende frei fallen gelassen (Abb. 3.36a). Die roten Fäden werden also sozusagen senkrecht nach unten gekämmt.

Beim Kämmen ändert der Flächeninhalt nicht. Ein roter Faden kann als Kreisringsektor modelliert und in eine gerade Anzahl gleicher Teile zerschnitten werden. Umkehren jedes zweiten Teiles überführt den Faden schließlich ein eine Senkrechte (Abb. 3.37).

Die durch das Kämmen entstehende Figur, der Bart des Archimedes, hat somit den gleichen Flächeninhalt wie die gesuchte rote Fläche in der Spirale.

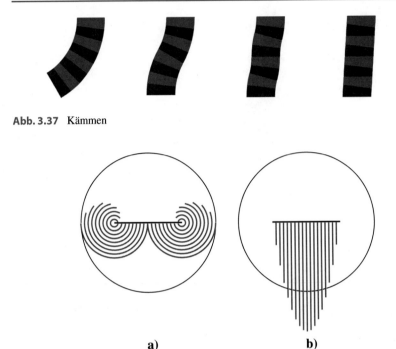

Abb. 3.37   Kämmen

a)   b)

Abb. 3.38   Wie groß ist der Schnurrbart?

Der Umriss der Figur ist eine quadratische Parabel. Im Koordinatensystem der
Abb. 3.36b hat sie die Gleichung:

$$y = 2\pi x(1 - x),\ 0 \leq x \leq 1 \tag{3.8}$$

Für die gesuchte Fläche A berechnen wir das Integral:

$$A = \left| 2\pi \int_0^1 x(1 - x)dx \right| = \frac{1}{3}\pi \tag{3.9}$$

Dies ist ein Drittel der Kreisfläche.

Welchen Kreisanteil bedeckt der gezwirbelte Schnurrbart (Abb. 3.38a)? –
Der Schnurrbart ist ein aufgezwirbelter Bart des Archimedes (Abb. 3.38b). Sein
Flächeninhalt ist also ebenfalls ein Drittel der Kreisfläche. Man kann dabei der
philosophischen Frage nachsinnen, auf welche Seite das mittlere und längste Haar
gezwirbelt werden soll.

Literatur

1. Netz R, Noel W (2007) Der Kodex des Archimedes. Das berühmteste Palimpsest der Welt
    wird entschlüsselt. Aus dem Englischen von Thomas Filk, 2. Aufl. Beck, München

Schrauben

4

Inhaltsverzeichnis

4.1   Schraubenlinien.   49
4.2   Schraubenlinie auf Schraubenlinie   53
4.3   Beschleunigte Steigung.   55
4.4   Schraubenflächen   56
4.5   Desaxierte Schraubenlinien   58
4.6   Auf dem Kegel   61
4.7   Archimedische Schraube   63
4.8   Krumme Schraubenflächen.   64

Schraubenlinien und Schraubenflächen spielen in Technik und Architektur eine zentrale Rolle.

4.1   Schraubenlinien

Die Frage, was eine Wendeltreppe sei, beantwortet man gerne mit einer Geste: Mit dem Zeigefinger wird eine Kreisbewegung angedeutet bei gleichzeitigem Hochheben der Hand.

Eine horizontale gleichmäßige Kreisbewegung kombiniert mit einer gleichmäßigen vertikalen Bewegung führt zu einer Schraubenlinie (Abb. 4.1a). Eine Schraubenlinie kann auch gesehen werden als eine gleichmäßig ansteigende Linie auf einem Zylinder (Abb. 4.1b). Laufen die Kreisbewegung von oben

Ergänzende Information Die elektronische Version dieses Kapitels enthält Zusatzmaterial, auf das über folgenden Link zugegriffen werden kann https://doi.org/10.1007/978-3-662-65132-2_4. Die Videos lassen sich durch Anklicken des DOI Links in der Legende einer entsprechenden Abbildung abspielen, oder indem Sie diesen Link mit der SN More Media App scannen.

© Der/die Autor(en), exklusiv lizenziert an Springer-Verlag GmbH, DE, ein Teil von Springer Nature 2022
H. Walser, *Spiralen, Schraubenlinien und spiralartige Figuren,*
https://doi.org/10.1007/978-3-662-65132-2_4

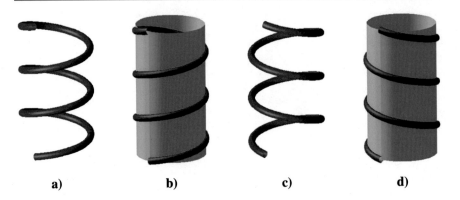

a)   b)   c)   d)

Abb. 4.1 Schraubenlinien

gesehen im positiven Drehsinn (Gegenuhrzeigersinn) und die lineare Bewegung von unten nach oben, ergibt sich eine Rechtsschraube.

Wird genau eine der beiden Bewegungen umgekehrt orientiert, ergibt sich eine Linksschraube (Abb. 4.1c und d).

Werden beide Bewegungen umgekehrt orientiert, also nach unten im Uhrzeigersinn, ergibt sich natürlich wieder eine Rechtsschraube.

Die Schraubenlinie der Abbildung kann gemäß (Gl. 4.1) parametrisiert werden.

$$\left.\begin{array}{l} x(t) = r\cos(t) \\ y(t) = r\sin(t) \\ z(t) = pt \end{array}\right\} 0 \le t \le 2k\pi \qquad (4.1)$$

Dabei ist r der Radius der horizontalen Kreisbewegung. Ebenso ist r der Radius des Zylinders, auf welchem die Schraubenlinie gleichmäßig ansteigt.

Die Zahl p ist die sogenannte reduzierte Ganghöhe. Diese etwas schwerfällige Bezeichnung erklärt sich wie folgt. Da für eine volle Kreisbewegung der Parameter t um 2π zunimmt, steigt die Schraubenlinie bei einer Umdrehung um $2\pi p$. Dies ist die wirkliche Ganghöhe, also der Höhenzuwachs bei einer Runde.

Die Zahl k gibt die Anzahl der Runden. Im Beispiel der Abb. 4.1 hat die Schraubenlinie drei Runden. Der Parameter t läuft also von 0 bis 6π.

Für die Bestimmung der Länge der Schraubenlinie der Abb. 4.1a gibt es einen rechnerischen und einen sehr einfachen geometrischen Lösungsweg.

Zunächst der rechnerische Weg. Er benötigt Methoden aus der Differentialgeometrie. Aus Gl. 4.1 ergibt sich:

$$\left.\begin{array}{l} \frac{d}{dt}x(t) = -r\sin(t) \\ \frac{d}{dt}y(t) = r\cos(t) \\ \frac{d}{dt}z(t) = p \end{array}\right\} 0 \le t \le 2k\pi \qquad (4.2)$$

Daraus ergibt sich für ein infinitesimal kleines Wegstück ds die Länge:

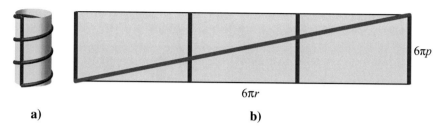

Abb. 4.2 Zylinder abwickeln

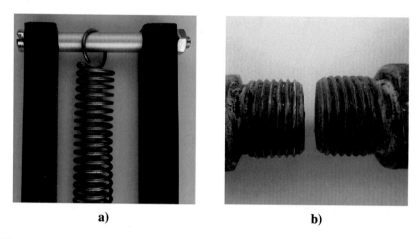

Abb. 4.3 Schrauben

$$ds = \sqrt{\left(\frac{d}{dt}x(t)\right)^2 + \left(\frac{d}{dt}y(t)\right)^2 + \left(\frac{d}{dt}z(t)\right)^2}\, dt = \sqrt{r^2 + p^2}\, dt \qquad (4.3)$$

Dies ist eine Anwendung des Satzes von Pythagoras im Raum. Für die gesamte Weglänge s muss integriert werden:

$$s = \int_0^{2k\pi} \sqrt{r^2 + p^2}\, dt = 2k\pi\sqrt{r^2 + p^2} \qquad (4.4)$$

Der geometrische Lösungsweg benötigt lediglich den Satz des Pythagoras in der Ebene. Man schneidet den Trägerzylinder der Schraubenlinie (Abb. 4.2a) senkrecht auf und wickelt ihn mitsamt der Schraubenlinie in die Ebene ab (Abb. 4.2b). Die Schraubenlinie wird zur Hypotenuse eines rechtwinkligen Dreiecks mit den Katheten $3 \cdot 2\pi r = 6\pi r$ und $3 \cdot 2\pi p = 6\pi p$.

Mit dem Satz des Pythagoras ergibt sich daraus:

$$s = 6\pi\sqrt{r^2 + p^2}$$

Abb. 4.4 Drehen der Schraubenlinie(▸ https://doi.org/10.1007/000-63d)

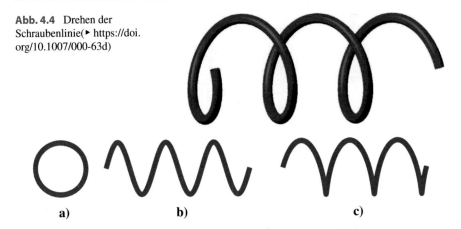

Abb. 4.5 Spezielle Blickrichtungen

a)   b)   c)

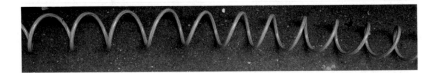

Abb. 4.6 Gartenschlauch

In der technischen Praxis werden in der Regel Rechtsschrauben verwendet. Die Abb. 4.3a zeigt eine leicht gespannte Spiralfeder mit Rechtsgewinde. In gewissen Anwendungen werden aber auch Linksgewinde verwendet, so zum Beispiel bei einem Fahrradpedal auf der linken Seite (Abb. 4.3b). Ein allenfalls etwas lockeres Pedal wird durch die Tretbewegung in Vorwärtsrichtung wieder eingedreht.

Frage: Braucht es für Schrauben mit Linksgewinde einen speziellen Schraubenzieher?

Schraubenlinien sehen zum Beispiel für eine Schraubenlinie mit horizontaler Achse je nach Blickrichtung recht unterschiedlich aus (Abb. 4.4 und 4.5).

Direkt von vorne sieht man einen Kreis (Abb. 4.5a). Direkt von der Seite gesehen erscheint eine Wellenlinie (Abb. 4.5b). Es ist eine affin verzerrte Sinuskurve. In der Abb. 4.5c ist die Blickrichtung die Tangentenrichtung der Spirale in den untersten Punkten. Die Kurve mit Spitzen nach unten ist eine affin verzerrt Zykloide.

In einer perspektivischen Ansicht eines Gartenschlauches findet man die verzerrte Wellenlinie und die verzerrte Zykloide im partiell gleichen Bild (Abb. 4.6).

Die Abb. 4.7a zeigt eine Zentralperspektive ins Innere der Schraubenlinie („Blick durchs Rohr"). Ohne Schattierung sieht die Figur aus wie eine ebene Spirale.

Eine solche Spirale erscheint auch beim Blick von unten hinauf im Innern einer Wendeltreppe oder einer spiralförmigen Auffahrtrampe. Die Abb. 4.7b zeigt von

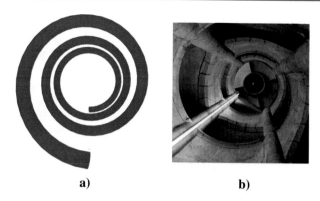

Abb. 4.7 Blick durchs Rohr. Munot Schaffhausen

Abb. 4.8 Gekrümmte Schraubenlinie

innen die Auffahrtrampe im Munot Schaffhausen. Der Munot ist ein Teil der alten Stadtbefestigung, erbaut 1564–1589. Die Schraubenlinie der Abb. 4.7a ist eine Rechtsschraube, die Auffahrtsrampe (Abb. 4.7b) hingegen eine Linksschraube.

Die Spirale der Abb. 4.7a erinnert in etwa an die logarithmischen Spiralen (Kap. 2). Sie hat aber die Polardarstellung

$$r(t) = \frac{a}{t} \tag{4.5}$$

und ist daher keine logarithmische Spirale.

4.2 Schraubenlinie auf Schraubenlinie

Die Schraubenachse des Gartenschlauches (Abb. 4.6) ist mehr oder weniger gerade. Man kann aber die Schraubenachse auch zu einem horizontalen Kreis zusammenbiegen (Abb. 4.8a). Statt auf einem Zylinder läuft die Schraubenlinie auf einem sogenannten Torus (Autoschlauch, Abb. 4.8b).

Die horizontale kreisförmige Schraubenachse kann nun ihrerseits in die Höhe gezogen werden, sodass sie selber eine Schraubenlinie wird (Abb. 4.9a). Auch der Torus wird dann zu einer Schraubenlinie.

Die Abb. 4.10 zeigt eine Schraubenlinie auf einer Schraubenlinie auf einer Schraubenlinie.

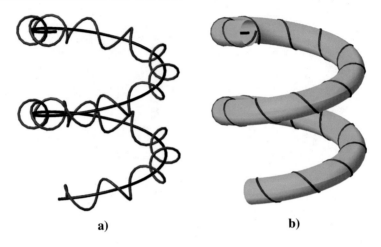

a)   b)

Abb. 4.9 Schraubenlinie auf Schraubenlinie

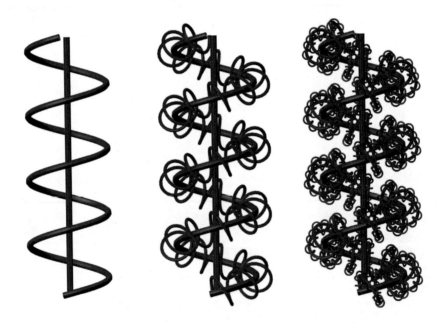

Abb. 4.10 Eine Schraubenlinie ist eine Schraubenlinie ist eine Schraubenlinie

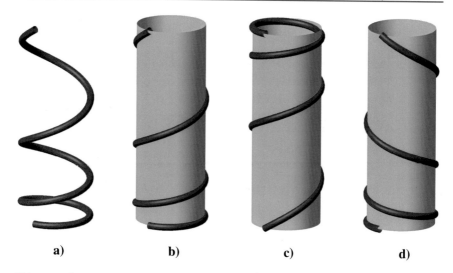

a) b) c) d)

Abb. 4.11 Beschleunigte Steigung

4.3 Beschleunigte Steigung

Bei den bisherigen Beispielen war der Anstieg der Schraubenlinien jeweils gleichmäßig. Die Steigung der Schraubenlinie kann aber auch beschleunigt werden (Abb. 4.10).

In Abb. 4.11a und b nimmt die Steigung von unten nach oben zu. Es ist eine Rechtsschraube. Wird der Zylinder mit der zunehmenden Steigung auf den Kopf gestellt, ergibt sich eine Spirale mit abnehmender Steigung. Es ist aber immer noch eine Rechtsspirale (Abb. 4.11c). Die Abb. 4.11d schließlich zeigt eine von unten nach oben beschleunigte Linksspirale.

Wird hingegen eine Schraubenlinie mit gleichmäßiger Steigung (Abb. 4.1b) auf den Kopf gestellt, merkt man das nicht einmal. Eine solche Schraubenlinie hat mehr Symmetrien als eine Schraubenlinie mit beschleunigter Steigung.

Insbesondere fehlt bei einer Schraubenlinie mit beschleunigter Steigung die Schraubsymmetrie. Bei einer Drehung um die Schraubenachse bewegen sich verschiedene Punkte der Schraubenlinie unterschiedlich weit in vertikaler Richtung. Es ist daher nicht möglich, eine Metallschraube mit wachsender Steigung in eine ebenso geschnittene Schraubenmutter einzuschrauben. Es gibt zwar eine Position, wo alles passt, aber dann ist kein Schraubvorgang mehr möglich. Es passt zwar, aber Einpassen geht nicht.

Die Schraubenlinie der Abb. 4.12a ist mit gleichmäßiger Steigung um eine Parabel gewickelt. In der Abb. 4.12b ist die Steigung elegant dem quadratischen Wachstum der Parabel angepasst.

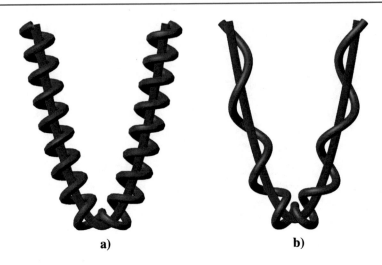

a)   b)

Abb. 4.12 Parabel und Spiralen

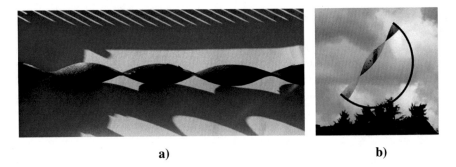

a)   b)

Abb. 4.13 Verdrehte Bänder

4.4   Schraubenflächen

Ein flaches Gummiband lässt sich leicht entlang der Längsachse verdrehen
(Abb. 4.13a). Bei einem schmalen Papierband geht das nicht, es knickt ein und
erhält einen Falt. Bei einem Metallband (Abb. 4.13b), Skulptur auf einem Haus
in Farum, (Dänemark) ist eine Verdrehung zwar möglich, braucht aber wohl eine
spezielle Dehn-Methode. Die Außenränder eines verdrehten Bandes sind länger
als die Mittelachse. Daher benötigt ein verdrehtes Band ein Material mit einer
gewissen Elastizität.

Verdreht Bänder sind Beispiele von Schraubenflächen (Abb. 4.14).

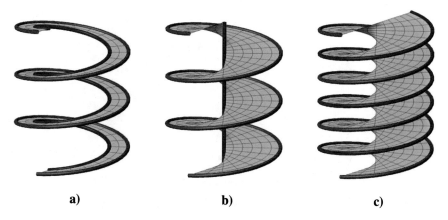

a)   b)   c)

Abb. 4.14 Schraubenflächen

Die Schraubenfläche (auch Helix genannt) der Abb. 4.14a ist innen und außen durch eine Schraubenlinie begrenzt. Solche Schraubenflächen trifft man zum Beispiel als Parkhausauffahrten an.

Die innere Schraubenlinie hat einen kleineren Radius als die äußere und ist daher steiler und kürzer. So ist auch der innere Handlauf einer Wendeltreppe steiler und kürzer als der äußere.

In der Abb. 4.14b ist der innere Rand die senkrechte Schraubenachse. Die Abb. 4.14c zeigt eine doppelgängige Schraubenfläche. Auf dieser Fläche ist es möglich, dass eine Person etwa längs des roten Randes nach oben geht und eine zweite längs des blauen Randes nach unten, ohne dass sich die beiden Personen begegnen.

Eine Schraubenfläche kann gemäß Gl. 4.6 parametrisiert werden.

$$\left.\begin{array}{l} x(u,v) = u\cos(v) \\ y(u,v) = u\sin(v) \\ z(u,v) = pv \end{array}\right\} a \le u \le b, 0 \le v \le 2k\pi \qquad (4.6)$$

Dabei bedeuten p wiederum die reduzierte Ganghöhe, a und b die Radien des inneren beziehungsweise äußern Randes und k die Anzahl der Runden. Für eine doppelgängige Schraubenfläche muss a negativ gewählt werden.

In meiner Jugend gab es in der Mühle am Rhein unten eine Sackrutsche (Abb. 4.15a). Man konnte sich heimlich in das Lagerhaus der Mühle einschleichen und von der obersten Etage aus durch mehrere Etagen hinunterrutschen. Wenn allerdings einer der üblicherweise ausgeklappten Auswerfer einmal eingeklinkt war, wurde man recht unsanft aus der Bahn geworfen.

Eine Frage, die mich als Kind nach einem Besuch des Munots in Schaffhausen (Abb. 4.15b) lange beschäftigt hat: Ein Wagen ohne Federung wird eine gekrümmte Rampe hochgezogen. Berühren alle vier Räder die Rampe?

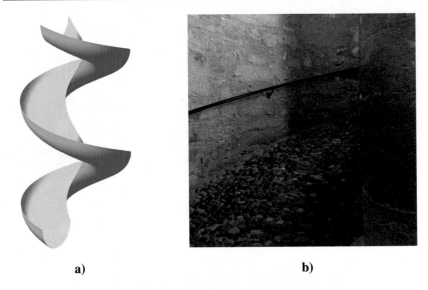

a)   b)

Abb. 4.15   Sackrutsche. Krumme Rampe

Die Antwort ist Nein. Bei einer Linksschraube wie im Munot lasten das rechte Vorderrad und das linke Hinterrad auf der Rampe. Von den beiden übrigen Rädern kann höchstens eines die Rampe berühren. Und zwar gilt das sowohl beim Hinauffahren wie beim Hinunterfahren.

Eine Schraubenfläche ist nicht in die Ebene abwickelbar. Daher gibt es auch kein Papier-Schnittmuster für eine Schraubenfläche. Und man kann umgekehrt auch nicht einen Teppich ohne Faltenbildung oder Einreißen auf einer Schraubenfläche ausbreiten.

Die DNA-Spirale enthält ähnlich einer doppelgängigen Schraubenfläche zwei Schraubenlinien (Abb. 4.16a). Die beiden Schraubenlinien sind aber nicht symmetrisch bezüglich der gemeinsamen Achse. Daher verlaufen die Sprossen auch nicht durch die Achse (Abb. 4.16b).

Werden die Sprossen durch eine durchgehende Fläche ersetzt (Abb. 4.16c und d), entsteht eine asymmetrische doppelgängige Schraubenfläche.

Die beiden Schraubenlinien-Stränge sind so angeordnet, dass eine dritte Schraubenlinie dazwischen eingepasst werden kann (Abb. 4.16e).

4.5   Desaxierte Schraubenlinien

Die Schnittfigur einer doppelgängigen Schraubenfläche mit einem koaxialen Zylinder (Abb. 4.17b) besteht aus zwei Schraubenlinien, die sich wechselseitig umwinden (Abb. 4.17c). Der Zylinder kann durch zwei halb so breite Zylinder ersetzt werden (Abb. 4.17a, und 4.18a). Diese haben nebeneinander im ursprünglichen Zylinder Platz. Die Achse des ursprünglichen Zylinders ist die

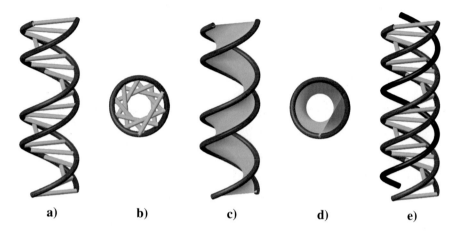

Abb. 4.16   DNA-Spirale

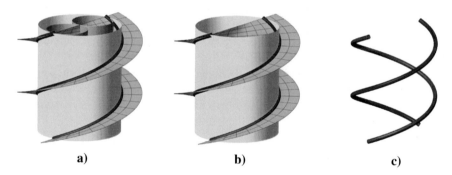

Abb. 4.17   Schraubenfläche und Zylinder

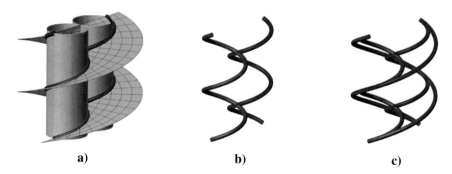

Abb. 4.18   Desaxierte Zylinder

Berührungslinie der beiden schmalen Zylinder. Die beiden schmalen Zylinder sind gegenüber dem ursprünglichen Zylinder desaxiert. Sie haben eigene Achsen.

Die Schnittfigur jedes der beiden Zylinder mit der Schraubenfläche ist überraschenderweise je eine einzige Schraubenlinie (Abb. 4.18b). Die Schraubenlinien der beiden Zylinder kreuzen sich auf der Achse der Schraubenfläche. Sie berühren auch die ursprünglichen Schraubenlinien und haben dieselbe Steigung wie diese (Abb. 4.18c). Werden aber die beiden Zylinder nach außen verschoben, sodass sie nicht mehr die Achse der Schraubenfläche berühren, ist die Schnittfigur keine zusammenhängende Schraubenlinie mehr, sondern besteht aus mehreren geschlossenen Kurven, die von oben her kreisförmig aussehen.

Und nun ein Gedankenexperiment: Ein schwarzer Käfer steigt bei der roten Spirale (Abb. 4.19a) auf die Schraubenfläche und krabbelt dann entlang der roten Spirale nach oben. Wie geht es weiter?

Das Problem ist folgendes: Die rote Spirale liegt in der Schraubenfläche und ist deshalb von beiden Seiten her sichtbar. Der schwarze Käfer krabbelt aber auf der Schraubenfläche und ist daher nur auf einer Seite der Schraubenfläche sichtbar (Abb. 4.19b). Beim Einstieg ist der Käfer vom Betrachter aus gesehen oben, aber bald einmal bewegt er sich vom Betrachter aus gesehen kopfüber, also unten.

Da die Schraubenfläche doppelgängig ist, kann sich im anderen Aufgang ein gelber Käfer ebenfalls auf der Schraubenfläche nach oben machen (Abb. 4.19c, und 4.20). Dieser Käfer bewegt sich auf der anderen Seite der Schraubenfläche. Er wird daher den schwarzen Käfer nie sehen oder antreffen, obwohl er zeitweise ihm ganz nahe direkt gegenüber ist. Aber eben, die Schraubenfläche ist dazwischen. Die Abb. 4.19d und die Abb. 4.21 illustrieren die Wege der beiden Käfer bei Wegnahme der Schraubenfläche. Lediglich die Achse der Schraubenfläche ist angegeben.

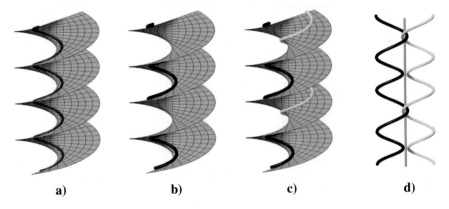

a)   b)   c)   d)

Abb. 4.19 Weg des Käfers

Abb. 4.20 Käferwege(▶ https://doi.org/10.1007/000-63c)

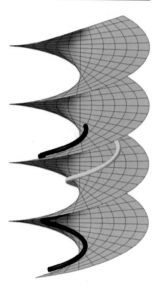

Abb. 4.21 Käferwege ohne Schraubenfläche (▶ https://doi.org/10.1007/000-63b)

4.6   Auf dem Kegel

Die Abb. 4.22a zeigt den Schnitt einer doppelgängigen Schraubenfläche mit einem Kegel.

Die Schnittkurven werden gegen die Spitze zu immer steiler (Abb. 4.22b). Von oben sieht man zwei archimedische Spiralen (Abb. 4.22c).

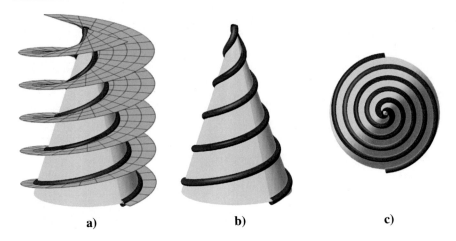

a)   b)   c)

Abb. 4.22 Auf dem Kegel

Eine Schnittkurve kann gemäß (Gl. 4.7) parametrisiert werden. Gegenüber
(Gl. 4.1) ist der Radius variabel.

$$
\left.\begin{aligned}
x(t) &= t\cos(t)\\
y(t) &= t\sin(t)\\
z(t) &= pt
\end{aligned}\right\} 0 \le t \le 2k\pi \tag{4.7}
$$

Wie erreicht man nun eine Spiralkurve auf dem Kegel mit gleichmäßiger
Steigung? – Die gesuchte Spirale hat eine Parameterdarstellung von der Form:

$$
\left.\begin{aligned}
x(t) &= e^{-\lambda t}\cos(t)\\
y(t) &= e^{-\lambda t}\sin(t)\\
z(t) &= pe^{-\lambda t}
\end{aligned}\right\} 0 \le t < \infty \tag{4.8}
$$

Die zugehörige Schraubenfläche (Abb. 4.23a) wächst nicht mehr gleichmäßig,
sondern nähert sich asymptotisch einer horizontalen Kreisscheibe durch die
Kegelspitze. Die Steigung der Schraubenfläche wird gedämpft. Damit wird das
Wachstum der Steigung der Spirale auf dem Kegel (Abb. 4.22b) kompensiert.

Für den Beweis der gleichmäßigen Steigung auf dem Kegel zeigt man mit
Vektorrechnung, dass der Tangentialvektor der Spirale einen konstanten Winkel
zur senkrechten Koordinatenachse hat. Die Spirale auf dem Kegel sieht nun recht
manierlich aus (Abb. 4.23b). Von oben erscheint sie als logarithmische Spirale
(Abb. 4.23c).

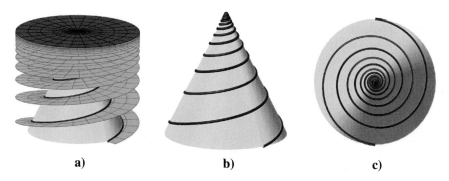

a)   b)   c)

Abb. 4.23 Konstante Steigung der Spirale

Abb. 4.24 Idee des Archimedes

4.7 Archimedische Schraube

Bei einer Parkhausauffahrt, einer Wendeltreppe oder einer Sackrutsche ist das Grundprinzip immer dasselbe: Die Schraubenfläche ist starr und das Beförderungsgut, also Autos, Menschen oder Getreidesäcke, windet sich um die Achse der Schraubenfläche.

Archimedes hat nun das Prinzip umgekehrt. Die Schraubenfläche dreht sich. In der Abb. 4.24 zum Beispiel dreht sich die Schraubenfläche in einer horizontalen oder leicht ansteigenden Rinne. Die Drehbewegung schiebt das Beförderungsgut, hier dargestellt durch blaue Kugeln, voran.

Solche archimedische Schrauben werden für die horizontale oder leicht ansteigende Verschiebung von Schüttgütern, etwa Getreide in einer Mühle, oder Flüssigkeiten, zum Beispiel Wasser in Kläranlagen oder Be- und Entwässerungsanlagen verwendet.

Spiralbohrer (Abb. 4.26) arbeiten mit einer Kombination der beiden Prinzipien. Die Schraubenfläche dient einerseits dazu, den Bohrer ins Werkstück einzusenken, andererseits hilft sie aber auch, die Bohrspäne aus dem Bohrloch zu entfernen.

Abb. 4.25   Archimedische
Schraube (▸ https://doi.
org/10.1007/000-63e)

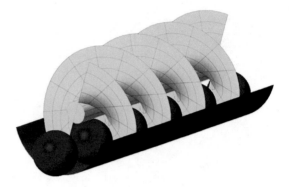

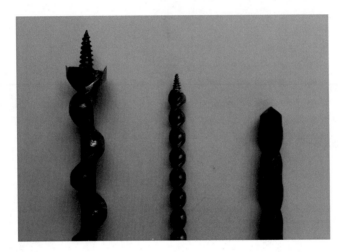

Abb. 4.26   Spiralbohrer

Spiralbohrer sind in der Regel doppelgängig. Beim großkalibrigen Holzbohrern (Abb. 4.26 links) ist zwar der Bohrkopf zweiseitig, die weitere Schraubenfläche aber nur noch eingängig.

4.8   Krumme Schraubenflächen

Die Achse einer Schraubenfläche wird zum Kreis verbogen.

Zwischen den beiden Figuren der Abb. 4.27 besteht auf den ersten Blick kein Unterschied, auf den zweiten Blick sieht man in der Abb. 4.27a insgesamt zehn Verdrehungen, in der Abb. 4.27b aber elf. Dieser kleine Unterschied wird relevant, wenn man die Flächen auf den beiden Seiten unterschiedlich färben will. Bei einer geraden Anzahl Verdrehungen geht das problemlos (Abb. 4.28a). Bei einer ungeraden Anzahl Verdrehungen (Abb. 4.28b) kommt man vom Roten ins Blaue.

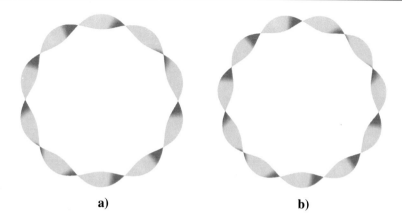

Abb. 4.27   Gebogene Schraubenflächen

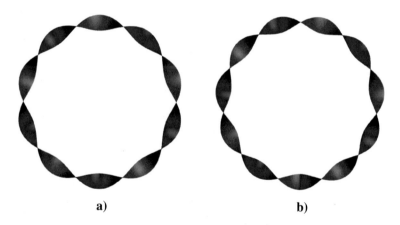

Abb. 4.28   Zwei Farben

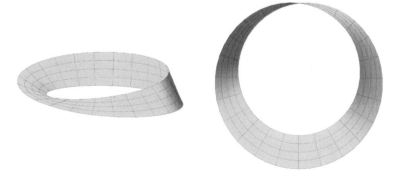

Abb. 4.29   Möbius-Band

Es ist nicht möglich, dieses Band zweiseitig mit verschiedenen Farben zu färben, da es sozusagen nur eine Seite hat.

Solche einseitige Bänder werden als Möbius-Bänder bezeichnet (August Ferdinand Möbius, 1790–1868). Die Abb. 4.29 zeigt das klassische Möbiusband mit nur einem Twist.

Eckige logarithmische Spiralen

5

Inhaltsverzeichnis

5.1   Im Dreieck 67
5.2   Im Quadrat 69
5.3   Viereckspiralen 71
5.4   Spiralen in Rechtecken 74
5.5   Spiralen in Parallelogrammen.. 79
5.6   Rechtwinklig gleichschenklige Dreiecke 81
5.7   Spiel mit Quadraten 82
5.8   Endloser Pythagoras 84
5.9   Faltspirale 87
5.10   Ähnliche rechtwinklige Dreiecke 90
5.11   Hexenspirale 92
5.12   Die Fibonacci-Spirale 93
Literatur 94

Die eckigen logarithmischen Spiralen haben wie die „runden" logarithmischen Spiralen eine Drehstrecksymmetrie. Es gibt aber jeweils einen minimal möglichen Drehwinkel.

5.1   Im Dreieck

Die Linienspirale und die Flächenspirale der Abb. 5.1 basieren auf demselben Grundmuster im gleichseitigen Dreieck. Der minimale Drehwinkel für die Drehstrecksymmetrie ist 60°. Der zugehörige Streckfaktor ist 0,5, er bezieht sich

---

Ergänzende Information Die elektronische Version dieses Kapitels enthält Zusatzmaterial, auf das über folgenden Link zugegriffen werden kann https://doi.org/10.1007/978-3-662-65132-2_5. Die Videos lassen sich durch Anklicken des DOI Links in der Legende einer entsprechenden Abbildung abspielen, oder indem Sie diesen Link mit der SN More Media App scannen.

© Der/die Autor(en), exklusiv lizenziert an Springer-Verlag GmbH, DE, ein Teil von Springer Nature 2022
H. Walser, *Spiralen, Schraubenlinien und spiralartige Figuren*,
https://doi.org/10.1007/978-3-662-65132-2_5

a)   **b)**

Abb. 5.1 Spiralen im Dreieck

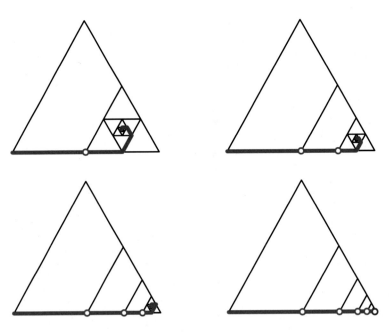

Abb. 5.2 Abwickeln

jeweils auf die Längen. Jede nachfolgende Länge ist halb so groß wie die voran-
gegangene.

Wie groß sind diese Spiralen im Vergleich zum Dreieck?

Die Linienspirale (Abb. 5.1a) kann auf die Grundlinie abgewickelt werden
(Abb. 5.2).

Die Gesamtlänge der Spirale ist also gleich der Seitenlänge des Dreieckes.

Es geht auch rechnerisch. Mit der Seitenlänge 1 des Dreieckes und dem Streckfaktor 0,5 ergeben sich für die Einzelstrecken der Spirale der Reihe nach die

Längen ein Halb, ein Viertel, ein Achtel, ein Sechszehntel und so weiter, also eine geometrische Folge mit dem Quotient 0,5. Für die Gesamtlänge s ergibt sich somit die geometrische Reihe:

$$s = \frac{1}{2} + \frac{1}{4} + \frac{1}{8} + \frac{1}{16} + \cdots = \sum_{n=1}^{\infty} \left(\frac{1}{2}\right)^n = \frac{\frac{1}{2}}{1 - \frac{1}{2}} = 1 \qquad (5.1)$$

Bei der Flächenspirale (Abb. 5.1b) können zwei weitere Spiralen derselben Art eingezeichnet werden (Abb. 5.3). Damit ist die gesamte Dreiecksfläche ausgefüllt.

Der Flächeninhalt der roten Spirale ist daher ein Drittel der Dreiecksfläche.

Rechnerisch sieht das wie folgt. Das erste kleine rote Dreieck ist flächenmäßig ein Viertel des Gesamtdreieckes. Das nächste ein Sechzehntel. Und so weiter. Es entsteht eine geometrische Reihe:

$$f = \frac{1}{4} + \frac{1}{16} + \frac{1}{64} + \cdots = \sum_{n=1}^{\infty} \left(\frac{1}{4}\right)^n = \frac{\frac{1}{4}}{1 - \frac{1}{4}} = \frac{1}{3} \qquad (5.2)$$

5.2 Im Quadrat

Die Berechnung der Spiralenlänge s im Quadrat wird schwieriger (Abb. 5.4 und 5.5). Wegen der Schrägen kommen der Satz des Pythagoras und damit die Quadratwurzel aus 2 ins Spiel.

Es ergibt sich wiederum eine geometrische Reihe:

$$s = \frac{1}{2} + \frac{1}{2\sqrt{2}} + \frac{1}{4} + \frac{1}{4\sqrt{2}} + \cdots = \sum_{n=2}^{\infty} \left(\frac{1}{\sqrt{2}}\right)^n = 1 + \frac{\sqrt{2}}{2} \approx 1{,}707 \quad (5.3)$$

Die Spiralenlänge s ist also die Seitenlänge des Quadrates plus seine halbe Diagonalenlänge.

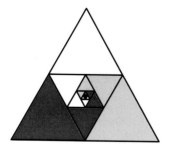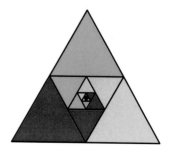

Abb. 5.3 Drei Spiralen im Dreieck

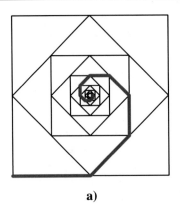
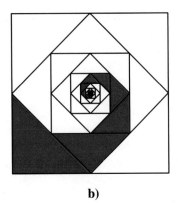

a)   b)

Abb. 5.4   Im Quadrat

Abb. 5.5   Länge mit Schrägen

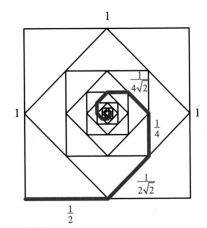

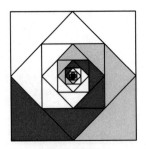
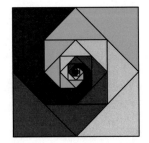

Abb. 5.6   Vier Flächenspiralen

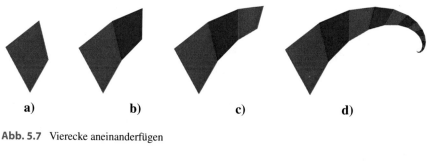

Abb. 5.7 Vierecke aneinanderfügen

Abb. 5.8 Gleichschenkliges Trapez

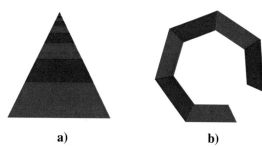

Die Flächenspirale hingegen lässt sich wiederum sehr einfach berechnen (Abb. 5.6). Es gibt vier kongruente Flächenspiralen, welche insgesamt das Quadrat ausfüllen. Daher ist jede einzelne Flächenspirale ein Viertel der Quadratfläche.

5.3 Viereckspiralen

Zunächst wird mit einem unregelmäßigen Viereck gestartet (Abb. 5.7a).

Diesem Viereck wird ein zweites von gleicher Form angefügt (Abb. 5.7b). Das zweite Viereck ist gegenüber dem ersten verkleinert. Der Längen-Veränderungsfaktor ist das Verhältnis der Länge der Seite rechts oben zur Länge der Seite links unten im ersten Viereck. Zudem ist das zweite Viereck gegenüber dem ersten etwas verdreht. Der Drehwinkel ist der Winkel zwischen der Seite links unten und der Seite rechts oben im ersten Viereck. Das zweite Viereck geht also aus dem ersten Viereck durch eine Drehstreckung hervor. Nun wird nach dem gleichen Verfahren ein weiteres Viereck angefügt (Abb. 5.7c).

Durch Iteration entsteht eine eckige Spirale (Abb. 5.7d). Wegen der Drehstreckungen handelt es sich um eine eckige logarithmische Spirale. Jedes unregelmäßige Viereck führt so zu einer Spirale.

Ausnahmen: Bei einem Parallelogramm, insbesondere also auch bei einem Rechteck, einer Raute oder einem Quadrat ergibt sich ein gerader Streifen. Beim Übereinanderstapeln der gleichschenkligen Trapeze ergibt sich ein Dreieck (Abb. 5.8a). Die Drehstreckung zwischen aufeinanderfolgenden Trapezen reduziert sich auf eine Streckung.

a)   b)

Abb. 5.9 Zweite Spirale

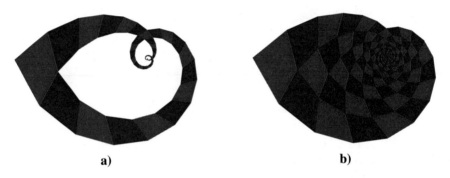

a)   b)

Abb. 5.10 Überlagerung

Beim seitlichen Anfügen reduziert sich die Drehstreckung auf eine bloße Drehung (Abb. 5.8b). Wenn der Drehwinkel ein Teiler von 360° ist, ergibt sich eine geschlossene Figur.

Beim Startviereck der Abb. 5.7a kann auch unten ein Viereck von gleicher Form angefügt werden (Abb. 5.9a). Entsprechend ergibt sich eine zweite Spirale (Abb. 5.9b).

Die beiden Spiralen haben das gleiche Startviereck. Die Abb. 5.10a zeigt die Überlagerung der beiden Spiralen.

Erstaunliches geschieht. Die beiden Spiralen treffen sich wieder und wieder und wieder. Und zwar kommt man nach sechs Schritten auf der einen Spirale zum selben Viereck wie nach zwölf Schritten auf der anderen Spirale. Dieses zweite gemeinsame Viereck spielt nun dieselbe Rolle wie das gemeinsame Startviereck. Die anschließende innere Schlaufe ist also eine verkleinerte Kopie der Gesamtfigur. Man erkennt in der Abb. 5.10a noch zwei weitere solche Schlaufen. Im Prinzip sind es unendlich viele Schlaufen.

So ist allerdings nicht bei jedem beliebigen Startviereck. In der Regel überschneiden sich die beiden Spiralen nicht passend in einem gemeinsamen Viereck. Dass es mit dem gewählten Startviereck funktioniert, hängt mit der speziellen Konstruktion (Abb. 5.12) dieses Viereckes zusammen.

Abb. 5.11 Zentraler
Ausschnitt

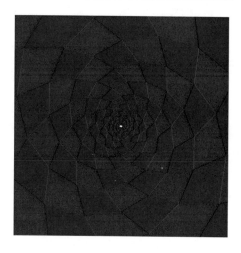

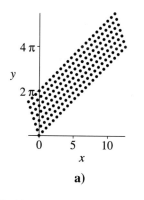

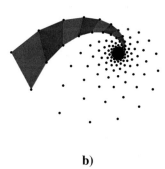

a)　　　　　　　　　　b)

Abb. 5.12 Streifen im Punktraster. Spiralenbild

Da alle Vierecke in der Abb. 5.10a dieselbe Form haben, kann jedes dieser Vierecke als Startviereck dienen. So kann etwa ausgehend vom zweiten Viereck in der oberen Spirale eine weitere Spirale nach unten gestartet werden.

Daher kann die Ebene kohärent mit Spiralen gefüllt werden. Die Abb. 5.10b zeigt den durch die beiden Anfangsspiralen begrenzten Ausschnitt.

Die Abb. 5.11 gibt einen zentralen Ausschnitt. Man erkennt weitere Spiralen, gebildet durch Vierecke, welche übereck angereiht sind.

Konstruiert werden die Spiralen wie folgt. Die Startfigur ist ein im Prinzip unendlich langer Streifen in einem Parallelogramm-Punktraster (Abb. 5.12a). Ein vertikaler Schnitt durch den Streifen muss die Höhe 2π haben. Unterkante und Oberkante des Streifens müssen bei einer Translation in der y-Richtung um 2π punktschlüssig aufeinander abbildbar sein. Ansonsten ist man in der Gestaltung des Streifens frei.

Nun wird der Streifen mit der komplexen Exponentialabbildung

$$u + iv = e^{x+iy} \tag{5.4}$$

abgebildet. Diese hat die reelle Darstellung:

$$\begin{aligned} u &= e^x \cos(y) \\ v &= e^x \sin(y) \end{aligned} \tag{5.5}$$

Wegen der Periodizität der Funktionen Kosinus und Sinus in den Abbildungs-gleichungen Gl. 5.5 ist beim Streifen in der y-Richtung eine Übereinstimmung nach einer Translation um 2π erforderlich.

Man erkennt sowohl linksläufige wie auch rechtsläufige Spiralen. Jeder Punkt liegt auf je einem dieser beiden Spiralentypen. Wegen der Abbildung mit der Exponentialfunktion handelt es sich um logarithmische Spiralen.

Die Punkte können nun geradlinig zu Vierecken verbunden werden (Abb. 5.12b).

5.4   Spiralen in Rechtecken

5.4.1   DIN-Rechteck

Rechtecke im DIN-Format [9] haben ein Seitenverhältnis $\sqrt{2}$:1. Die Abb. 5.13 zeigt eine Unterteilung eines DIN A0-Papieres in die nachfolgenden Teilformate A1, A2, …, sodass eine Spirale entsteht.

Das Zentrum der Spirale ist je ein Drittel vom linken und vom unteren Rand entfernt.

Für zum Beispiel den Abstand vom linken Rand ergibt sich die geometrische Reihe:

$$\frac{1}{4} + \frac{1}{16} + \frac{1}{64} + \cdots = \sum_{n=1}^{\infty} \left(\frac{1}{4}\right)^n = \frac{\frac{1}{4}}{1 - \frac{1}{4}} = \frac{1}{3} \tag{5.6}$$

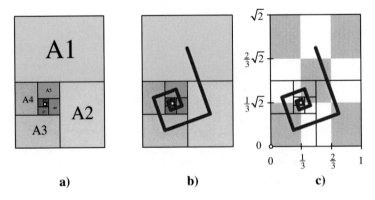

Abb. 5.13 Spiralförmige Anordnung

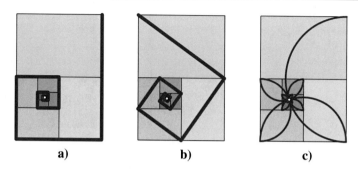

Abb. 5.14 Weitere Spiralen. Thaleskreise

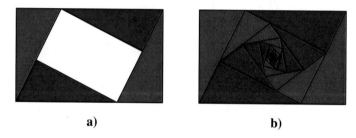

Abb. 5.15 Rechtwinklige Dreiecke

Beim Übergang von A0 zu A4 werden die Seitenlängen geviertelt.

Es können weitere Spiralen in die Figur eingezeichnet werden (Abb. 5.14a und b). Diese Spiralen haben alle die gleiche Form.

Die Halbkreise über den Seiten (Thaleskreise) verlaufen ebenfalls durch das Spiralenzentrum (Abb. 5.14c). Es ergibt sich eine spiralförmige Anordnung von Blütenblättern.

5.4.2 Goldenes Rechteck

Unter dem Goldenen Rechteck versteht man das Rechteck mit dem Seitenverhältnis des Goldenen Schnittes (vgl. [5, 8]).

$$\Phi : 1 = \frac{1 + \sqrt{5}}{2} : 1 \approx 1{,}618{:}1 \tag{5.7}$$

Das Goldene Rechteck kann aus vier rechtwinkligen Dreiecken mit dem Kathetenverhältnis 2:1 gemäß Abb. 5.15a gebildet werden. Dabei bleibt in der Mitte ein rechteckiges Loch offen, das ebenfalls ein Goldenes Rechteck ist.

Dieses kleinere Goldene Rechteck kann wiederum mit rechtwinkligen Dreiecken versehen werden. Iteration dieses Prozesses führt zu eckigen Spiralen.

Abb. 5.16 Im Goldenen
Rechteck (▶ https://doi.
org/10.1007/000-63h)

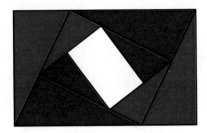

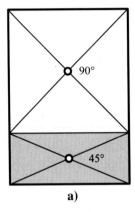

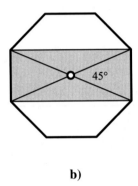

a)   b)

Abb. 5.17 Silbernes Rechteck

Dabei sind die blauen Spiralen anders aus den rechtwinkligen Dreiecken
zusammengesetzt als die roten. Bei den roten Spiralen liegt eine Kathete des
Nachfolgdreieckes auf der Hypotenuse des Vorgängerdreieckes. Bei den blauen
Spiralen ist es umgekehrt.

Die Abb. 5.16 zeigt illustriert Vorgehen.

5.4.3   Silbernes Rechteck

Wird von einem DIN A4-Papier ein Quadrat abgeschnitten, bleibt ein so genanntes
Silbernes Rechteck (vgl. [9]) übrig (Abb. 5.17a).

Das Silberne Rechteck hat den Diagonalenschnittwinkel 45° und lässt sich
daher in ein regelmäßiges Achteck einpassen (Abb. 5.17b). Dies kann wie folgt
eingesehen werden. Das gelbe Dreieck in der Abb. 5.18a ist gleichschenklig und
hat an der Spitze den Winkel 45°. Es kann um den Mittelpunkt des silbernen
Rechtecks in die Position der Abb. 5.18b gedreht werden. Der Drehwinkel ist 45°.

Die Abb. 5.19 gibt einen Schaukelbeweis.

Das silberne Rechteck hat das Seitenverhältnis:

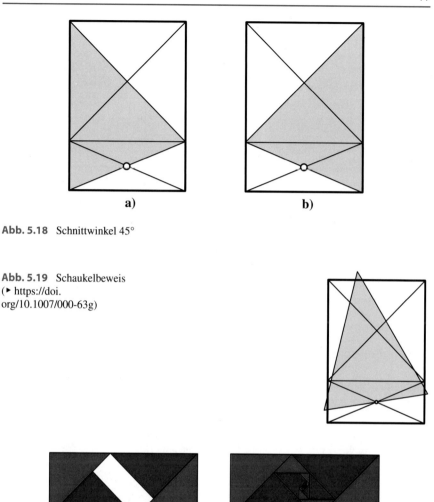

Abb. 5.18 Schnittwinkel 45°

Abb. 5.19 Schaukelbeweis
(▸ https://doi.
org/10.1007/000-63g)

Abb. 5.20 Rechtwinklig-gleichschenklige Dreiecke

$$1:\left(\sqrt{2}-1\right)=\left(\sqrt{2}+1\right):1 \qquad (5.8)$$

Das Silberne Rechteck kann mit vier rechtwinklig-gleichschenkligen Dreiecken (Geo-Dreiecken) ausgelegt werden (Abb. 5.20a). Dabei bleibt ein Loch übrig, das wiederum die Form eines Silbernen Rechteckes hat. Es kann daher spiralförmig gefüllt werden (Abb. 5.20b).

Die Spiralen der Abb. 5.15b und der Abb. 5.20b haben dieselbe Struktur.

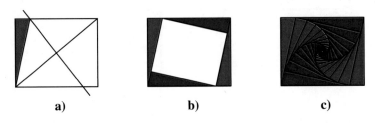

a)   b)   c)

Abb. 5.21   Im beliebigen Rechteck

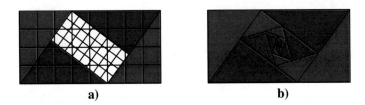

a)   b)

Abb. 5.22   Ganzzahlige Seitenverhältnisse

5.4.4   Beliebiges Rechteck

Tatsächlich kann sogar ein beliebiges Rechteck spiralförmig mit rechtwinkligen Dreiecken ausgelegt werden (Abb. 5.21).

Zu einer Rechtecks-Diagonale wird die Mittelsenkrechte gezeichnet (Abb. 5.21a). Der Schnittpunkt der Mittelsenkrechten mit einer Rechteckseite ist eine der gesuchten Dreiecksecken. Die beiden anderen Dreiecksecken sind Eckpunkte des Rechteckes. Damit sind genügend Informationen vorhanden, um die vier Dreiecke zu zeichnen (Abb. 5.21b). Schließlich kann das Lochrechteck unterteilt werden (Abb. 5.21c). Die blauen und die roten Dreiecke sind unterschiedlich orientiert. Das Verfahren funktioniert nicht bei einem Quadrat.

5.4.5   Pythagoreische Dreiecke

Das wohl am besten bekannte rechtwinklige Dreieck hat die Katheten 3 und 4 und die Hypotenuse 5. Es ist das einfachste rechtwinklige Dreieck mit einem ganzzahligen Seitenverhältnis. Solche Dreiecke werden als pythagoreische Dreiecke bezeichnet. Mit vier solchen Dreiecken ergibt sich ein Spiralen-Rechteck mit dem ebenfalls ganzzahligen Seitenverhältnis $(5 + 3):4 = 2:1$ (Abb. 5.22).

Die Abb. 5.23 zeigt das nächste pythagoreische Dreieck. Es hat die Seiten 5, 12 und 13. Das zugehörige Spiralen-Rechteck hat das Seitenverhältnis $(5 + 13):12 = 3:2$.

Bei pythagoreischen Dreiecken ergibt sich trivialerweise ein Rechteck mit ebenfalls ganzzahligem Seitenverhältnis. Dieses Seitenverhältnis des Rechteckes

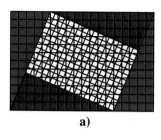 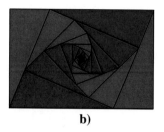

a) b)

Abb. 5.23 Nochmals ganzzahlige Seitenverhältnisse

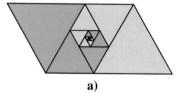 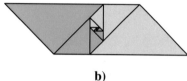

a) b)

Abb. 5.24 Spiralen aus Dreiecken

hat auch eine arithmetische Bedeutung. Ein pythagoreisches Dreieck kann nämlich mit zwei Parametern u und v gebildet werden wie folgt. Die beiden ganzen Zahlen u und v mit $u > v$ müssen teilerfremd sein und nicht beide ungerade. Dann sind

$$a = u^2 - v^2, \quad b = 2uv, \quad c = u^2 + v^2 \tag{5.9}$$

die Seiten eines pythagoreischen Dreiecks. Umgekehrt gibt es zu jedem pythagoreischen Dreieck passende Parameter u und v. Für das Seitenverhältnis unseres Spiralen- Rechtecks gilt somit:

$$(a + c){:}b = \left(u^2 - v^2 + u^2 + v^2\right){:}2uv = 2u^2{:}2uv = u{:}v \tag{5.10}$$

Die Spiralenüberlegung liefert also bei pythagoreischen Dreiecken deren Parameterverhältnis.

5.5 Spiralen in Parallelogrammen

In ein Parallelogramm mit einem spitzen Winkel 60° und dem Seitenverhältnis im Goldenen Schnitt [8] können zwei aus gleichseitigen Dreiecken zusammengesetzte Spiralen eingezeichnet werden (Abb. 5.24a).

Die Abb. 5.24b zeigt ein analoges Beispiel mit rechtwinklig gleichschenkligen Dreiecken.

Das Seitenverhältnis des Parallelogramms der Abb. 5.24b ist:

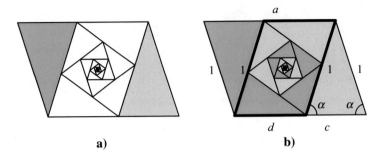

Abb. 5.25 Ähnliche Parallelogramme

$$\frac{1}{2}\left(\sqrt{2}+\sqrt{6}\right):1 \approx 1{,}932:1 \qquad (5.11)$$

In welche Parallelogramme lassen sich zwei aus gleichschenkligen Dreiecke zusammengesetzte Spiralen einfügen?

Der Witz der Sache ist: Das Innere der Figur (weiß in Abb. 5.25a) ist ähnlich zur Gesamtfigur. Im Folgenden wird mit den Maßen und Bezeichnungen gemäß Abb. 5.25b gearbeitet.

Die beiden gleichschenkligen Start-Dreiecke haben die Schenkellänge $b = 1$. Dies ist ebenfalls die kürzere Seite des Parallelogramms. Der Basiswinkel der gleichschenkligen Dreiecke ist α. Dies ist auch der spitze Winkel des Parallelogramms und zudem der Drehwinkel der Drehstreckung, welche die Gesamtfigur auf die Innenfigur abbildet. Der Streckfaktor ist d.

Nun etwas Rechnung. Zunächst ist:

$$c = 2\cos(\alpha) \qquad (5.12)$$

Die Ähnlichkeitsbedingung liefert:

$$\begin{aligned}\frac{c+d}{1} &= \frac{1}{d} \\ \frac{2\cos(\alpha)+d}{1} &= \frac{1}{d}\end{aligned} \qquad (5.13)$$

Dies ergibt eine quadratische Gleichung für d:

$$d^2 + 2d\cos(\alpha) - 1 = 0 \qquad (5.14)$$

Die positive Lösung dieser quadratischen Gleichung ist:

$$d = -\cos(\alpha) + \sqrt{\cos^2(\alpha)+1} \qquad (5.15)$$

Für die Grundseite a des Parallelogramms ergibt sich aus Gl. 5.12 und 5.15:

$$a = \cos(\alpha) + \sqrt{\cos^2(\alpha)+1} \qquad (5.16)$$

Dies ist auch das Seitenverhältnis des Parallelogramms. Auflösen von Gl. 5.16 nach α ergibt:

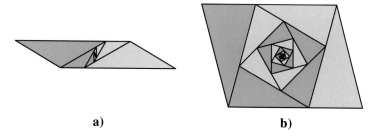

a)   b)

Abb. 5.26 Weitere Beispiele

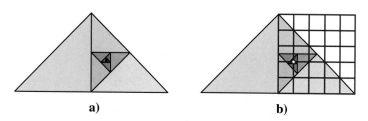

a)   b)

Abb. 5.27 Spiralförmige Unterteilung. Fünftel

$$\alpha = \arccos\left(\frac{1}{2}\left(a - \frac{1}{a}\right)\right) \qquad (5.17)$$

Die Bedingungen Gl. 5.16 beziehungsweise Gl. 5.17 beschreiben die Parallelogramme, in welche sich zwei Spiralen aus gleichschenkligen Dreiecken einzeichnen lassen.

Noch zwei weitere Beispiele. Für $\alpha = 30°$ (Abb. 5.26a) ergibt sich das Seitenverhältnis:

$$\frac{1}{2}\left(\sqrt{3} + \sqrt{7}\right):1 \approx 2{,}189:1 \qquad (5.18)$$

Für $\alpha = 75°$ (Abb. 5.26b) ergibt sich ein Seitenverhältnis von etwa 1,292:1.

5.6 Rechtwinklig gleichschenklige Dreiecke

Ein rechtwinklig gleichschenkliges Dreieck kann in eine Folge von spiralförmig angeordneten rechtwinklig gleichschenkligen Dreiecken mit fortlaufend halber Fläche zerlegt werden (Abb. 5.27a). Das Zentrum der Spirale ergibt sich durch eine Unterteilung mit Fünfteln (Abb. 5.27b).

Durch das Zentrum führen spiralförmig angeordnete Schwerlinien und Thaleskreise (Abb. 5.28).

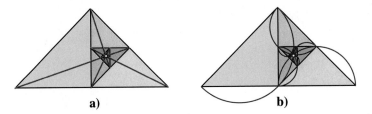

Abb. 5.28 Schwerlinien und Thaleskreise

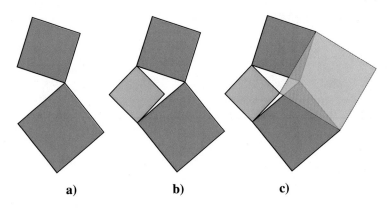

Abb. 5.29 Spiel mit Quadraten

5.7   Spiel mit Quadraten

Das Spiel (vgl. [10]) beginnt mit zwei beliebigen Quadraten, welche eine Ecke gemeinsam haben (Abb. 5.29a). Der Winkel an dieser Ecke kann frei gewählt werden.

Nun wird an den beiden freien Ecken links diagonal ein drittes Quadrat eingepasst (Abb. 5.29b). Ebenso wird an den beiden freien Ecken rechts diagonal ein viertes Quadrat eingepasst (Abb. 5.29c).

Das dritte und das vierte Quadrat haben eine Ecke gemeinsam. Dies lässt sich mit Vektorrechnung oder einer elementargeometrischen Überlegung zeigen [10].

Die Figur der Abb. 5.29c hat unter anderem folgende Eigenschaften:

1. Die Flächensumme der beiden roten Quadrate ist gleich der Flächensumme der beiden blauen Quadrate. Wir haben eine Verallgemeinerung des Satzes von Pythagoras. Der Beweis erfolgt rechnerisch, zum Beispiel mit dem Kosinus-Satz.
2. Die langen Diagonalen zwischen den Außenecken sind gleich lang und orthogonal (Abb. 5.30a). Die Mittelpunkte dieser Diagonalen liegen je auf gemeinsamen Eckpunkten von zwei Quadraten.

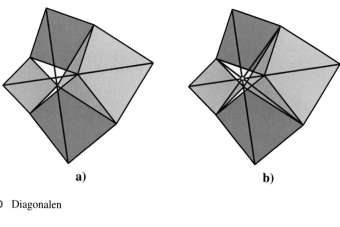

Abb. 5.30 Diagonalen

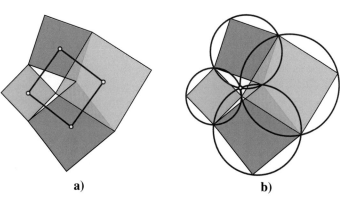

Abb. 5.31 Mittelpunkte und Umkreise

3. Die kurzen Diagonalen (Abb. 5.30b) sind ebenfalls gleich lang und orthogonal. Ihr Schnittpunkt ist auch der Schnittpunkt der langen Diagonalen.
4. Lange und kurze Diagonalen schneiden sich unter Winkeln von 45°. Das Längenverhältnis zwischen den langen und den kurzen Diagonalen ist $\sqrt{2}:1$.
5. Die Mittelpunkte der vier Quadrate sind Eckpunkte eines weiteren Quadrates (Abb. 5.31a).
6. Die Umkreise der vier Quadrate verlaufen durch einen gemeinsamen Punkt (Abb. 5.31b). Dies ist auch der Schnittpunkt der Diagonalen.

Nun kann in der Abb. 5.29c ein zusätzliches rotes Quadrat angesetzt werden sodass sich das dritte zum zweiten verhält wie das zweite zum ersten. Die Iteration dieses Prozesses führt zur Spirale der Abb. 5.32.

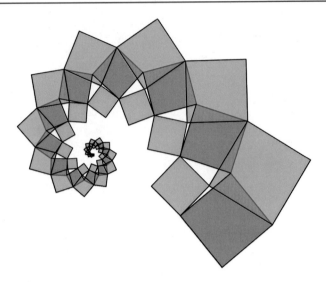

Abb. 5.32   Spirale

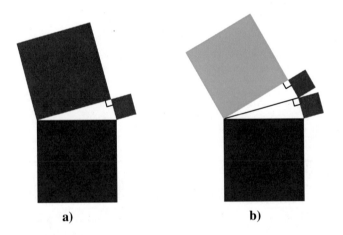

a)   b)

Abb. 5.33   Satz des Pythagoras

5.8   Endloser Pythagoras

Die Abb. 5.33a illustriert den klassischen Satz des Pythagoras. Die Flächensumme
der roten Quadrate ist gleich dem Flächeninhalt des blauen Quadrates. Kurz:
rot = blau.

   In der Abb. 5.33b ist dem ersten rechtwinkligen Dreieck ein zweites recht-
winkliges Dreieck aufgesetzt. Seine Hypotenuse ist gleich der Kathete des
ersten rechtwinkligen Dreieckes. Daher ist die Flächensumme des kleinen roten

Quadrates und des hellblauen Quadrates gleich dem Flächeninhalt des großen roten Quadrates der Abb. 5.33a.

Insgesamt gilt jetzt also: rot + hellblau = blau.

Wir können nun so weiterfahren.

Es ist rot + grün = blau (Abb. 5.34a) und rot + gold = blau (Abb. 5.34b).

Es entsteht eine Spirale. Das zusätzliche Quadrat am Ende der Spirale wird immer kleiner und verschwindet schließlich ganz wie die Grinse-Katze bei Alice im Wunderland. Übrig bleiben die Spirale aus unendlich vielen roten Quadraten und das blaue Quadrat (vgl. [1]). Die Flächensumme der roten Quadrate ist gleich dem Flächeninhalt des blauen Quadrates: rot = blau. Da die Flächen der roten Quadrate eine abnehmende geometrische Folge bilden, ist ihre Summe (die Mathematiker nennen eine Summe mit unendlich vielen Summanden eine Reihe) endlich, in unserem Fall eben gleich dem Flächeninhalt des blauen Quadrates (Abb. 5.35).

Die Abb. 5.36 illustriert die Entwicklung des endlosen Pythagoras.

Der Satz des Pythagoras gilt nicht nur mit aufgesetzten Quadraten, sondern mit beliebigen zueinander ähnlichen Figuren, insbesondere also für gleichseitige Dreiecke (Abb. 5.37).

Im Sonderfall eines rechtwinkligen Dreieckes mit einem Winkel 60° (Abb. 5.38) können die gleichseitigen Dreiecke der Spirale nach innen geklappt werden und schließen dann bündig aneinander.

Und im Sonderfall eines rechtwinkligen Dreieckes mit einem Winkel 36° (Abb. 5.39) kann eine Spirale mit bündig aneinandergesetzten regelmäßigen Fünfecken gebaut werden.

In den bisherigen Beispielen wurden dem rechtwinkligen Dreieck Quadrate, gleichseitige Dreiecke und regelmäßige Fünfecke angesetzt, regelmäßige Vielecke also. In der Abb. 5.40 sind es nun rechtwinklige Dreiecke. Sie sind untereinander ähnlich, haben aber nicht die Form des rechtwinkligen Start-Dreieckes. Hingegen

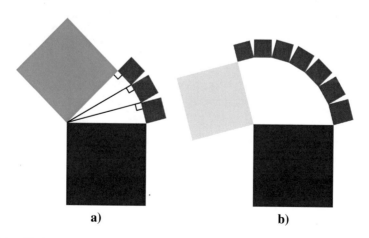

a)   b)

Abb. 5.34 Nächste Schritte

Abb. 5.35 Endloser
Pythagoras

Abb. 5.36 Entwicklung (▶
https://doi.org/10.1007/000-
63f)

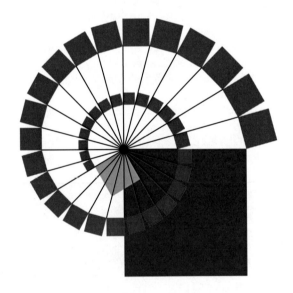

sind sie so bemessen, dass Ecken des inneren Spiraldurchganges mit Ecken des
äußeren Spiraldurchganges zusammenfallen. Es entsteht optisch der Eindruck
einer Weinbergschnecke.

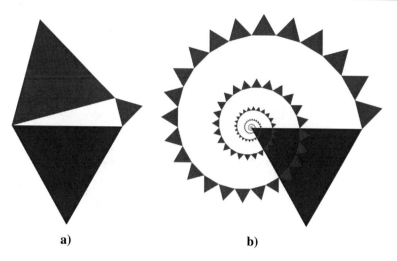

Abb. 5.37 Gleichseitige Dreiecke

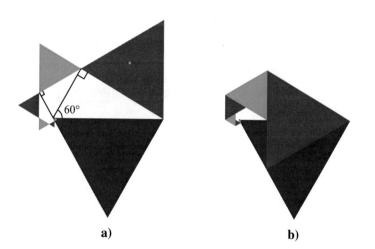

Abb. 5.38 Sonderfall

5.9 Faltspirale

Die Faltspirale der Abb. 5.41 entsteht aus einem halben Origami-Papier gemäß Abb. 5.42. Beim letzten gezeigten Schritt wird alles was vorsteht nach hinten versteckt.

Der Anteil A der sichtbaren Fläche im Vergleich mit dem Flächeninhalt des Startdreiecks ist:

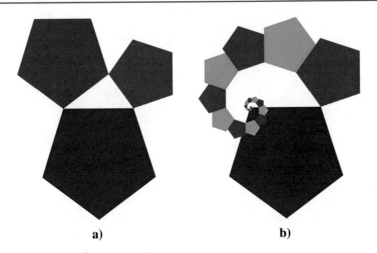

a)   b)

Abb. 5.39   Fünfecke

Abb. 5.40   Pythagoras-Schnecke

Abb. 5.41   Faltspirale

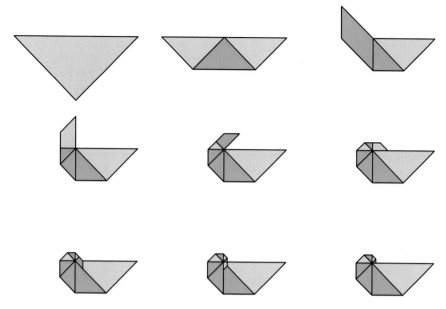

Abb. 5.42 Falten der Spirale

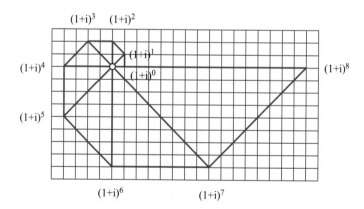

Abb. 5.43 Komplexe Zahlen

$$A = \frac{1}{4} + \frac{1}{8} + \frac{1}{16} + \frac{1}{32} + \frac{1}{64} + \frac{1}{128} + \frac{1}{256} + \frac{1}{512} = \frac{255}{512} \qquad (5.19)$$

In der Ebene der komplexen Zahlen kann die Spirale gemäß Abb. 5.43 dargestellt werden.

a)   b)

Abb. 5.44 Ansetzen ähnlicher rechtwinkliger Dreiecke

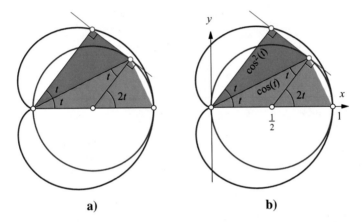

a)   b)

Abb. 5.45 Kardioide

5.10   Ähnliche rechtwinklige Dreiecke

Die Spirale der Abb. 5.43 kann auch rückwärts „gelesen" werden: Einem großen rechtwinklig-gleichschenkligen Dreieck wird auf einer Kathete ein kleineres rechtwinklig-gleichschenkliges Dreieck mit seiner Hypotenuse angesetzt. Die Situation kann auf beliebige rechtwinklige Dreiecke verallgemeinert werden: Es wird jeweils der einen Kathete des Dreiecks ein dazu ähnliches Dreieck angesetzt (Abb. 5.41). Die Hypotenuse des kleineren angesetzten Dreiecks ist gleich der Ansetzkathete des größeren (Abb. 5.44).

Wird beim roten Startdreieck der Eckpunkt mit dem rechten Winkel auf dem Thaleskreis bewegt, beschreibt der Eckpunkt mit dem rechten Winkel des blauen Dreiecks eine Kardioide (vgl. [2, S. 47]) oder Herzkurve (Abb. 5.45a). Um das blaue Herz zu sehen, muss man um 90° im Uhrzeigersinn drehen.

Die Kardioide ist die Lotfußpunktkurve (Pedalkurve) des roten Thaleskreises. Die Tangente an den Thaleskreis wird mit dem vom linken Punkt auf dem Thaleskreis ausgehenden Lot geschnitten.

Im Koordinatensystem der Abb. 5.45b hat Thaleskreis die Parameterdarstellung:

$$\left.\begin{array}{l} x(t) = \cos(t)\cos(2t) \\ y(t) = \cos(t)\sin(2t) \end{array}\right\} \quad -\frac{\pi}{2} \le t \le \frac{\pi}{2} \qquad (5.20)$$

Für die Kardioide ergibt sich die Parameterdarstellung:

$$\left.\begin{array}{l} x(t) = \cos^2(t)\cos(2t) \\ y(t) = \cos^2(t)\sin(2t) \end{array}\right\} \quad -\frac{\pi}{2} \le t \le \frac{\pi}{2} \qquad (5.21)$$

Man sieht, wie es weitergeht. Für 3 Dreiecke (Abb. 5.46a) ergibt sich eine Bahnkurve mit der Parameterdarstellung:

$$\left.\begin{array}{l} x(t) = \cos^3(t)\cos(2t) \\ y(t) = \cos^3(t)\sin(2t) \end{array}\right\} \quad -\frac{\pi}{2} \le t \le \frac{\pi}{2} \qquad (5.22)$$

Sie ist ebenfalls eine Lotfußpunktkurve, und zwar die Lotfußpunktkurve der Kardioide. Die Lote gehen wiederum vom linken Punkt auf dem Thaleskreis aus, werden jetzt aber mit den Tangenten an die Kardioide geschnitten.

Die Abb. 5.47 zeigt Kurven und Dreiecksspirale für die ersten 14 Schritte.

Die Abb. 5.48 zeigt die Dynamik der ersten 14 Schritte.

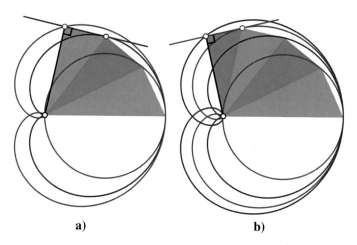

a)   b)

Abb. 5.46 Die beiden nächsten Schritte

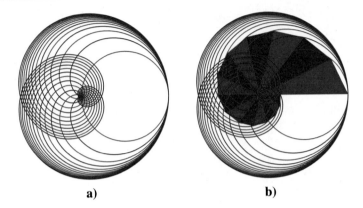

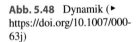

Abb. 5.47   Die ersten 14 Schritte

Abb. 5.48   Dynamik (▸
https://doi.org/10.1007/000-
63j)

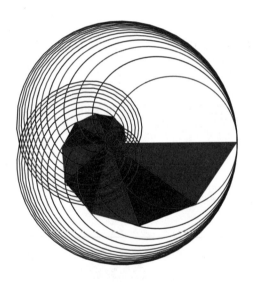

5.11   Hexenspirale

Eine Hexenspirale besteht aus zwei eckigen logarithmischen Spiralen, die sich
wechselseitig ein- und umbeschrieben sind (vgl. [3]). Die Abb. 5.49 zeigt ein Beispiel.

Zur Analyse der Hexenspiralen wird mit den Bezeichnungen der Abb. 5.49c
gearbeitet. Das größte rechtwinklige Dreieck habe die Katheten 1 und a. Der
Längen-Verkleinerungsfaktor von einem Dreieck zum anschließenden Dreieck
wird mit p bezeichnet. Damit ergeben sich die Koordinaten:

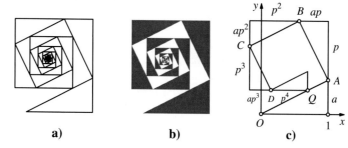

Abb. 5.49 Hexenspirale

Abb. 5.50 Hexenspiralen

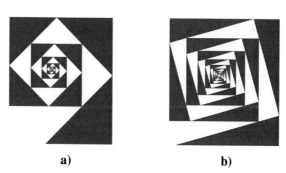

a)   **b)**

$$O(0,0), \quad A(1,a), \quad B(1-ap, a+p), \quad C\left(1-ap-p^2, a+p-ap^2\right)$$
$$D\left(1-ap-p^2+ap^3, a+p-ap^2-p^3\right)$$
$$Q\left(1-ap-p^2+ap^3+p^4, a+p-ap^2-p^3\right) \tag{5.23}$$

Die Schließungsbedingung, also die Bedingung, dass der Punkt Q auf der Hypotenuse OA liegt, lautet:

$$a+p-ap^2-p^3 = a\left(1-ap-p^2+ap^3+p^4\right)$$
$$1-p^2 = -a^2+a^2p^2+ap^3 \tag{5.24}$$

Damit kann man entweder bei gegebenem a, also bei gegebenem Dreieck, den Verkleinerungsfaktor p berechnen oder aber umgekehrt bei gegebenem p die Dreiecks-Kathete a.

Die Abb. 5.50a zeigt die Situation für $a = 1$ (rechtwinklig gleichschenklige Dreiecke), die Abbildung Abb. 5.50b die Situation für $p = 0{,}9$.

5.12 Die Fibonacci-Spirale

Der Name Fibonacci-Spirale erklärt sich wie folgt: In der Abb. 5.51b sind die Flächeninhalte der Quadrate eingezeichnet. Es sind dies die Fibonacci-Zahlen [4–7].

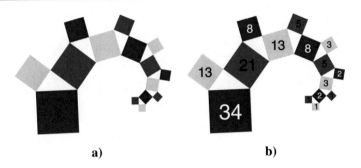

a)   b)

Abb. 5.51   Fibonacci-Spirale

Die Fibonacci-Spirale ist nur näherungsweise eine eckige logarithmische Spirale, da die Fibonacci-Zahlen nur näherungsweise exponentiell wachsen. Die Idee der Fibonacci-Spirale verdanke ich Eugen Jost, Thun/Schweiz.

Literatur

1. Baptist P (1997) Pythagoras und kein Ende? Klett, Stuttgart
2. Haftendorn D (2017) Kurven erkunden und verstehen. Mit GeoGebra und anderen Werkzeugen. Springer Spektrum, Wiesbaden
3. Kalman D, Verdi M (2015) Polynomials with closed Lill paths. Math Mag 88:3–10
4. Lehmann I (2009) FIBONACCI-Zahlen – Ausdruck von Schönheit und Harmonie in der Kunst. MU Der Math 55(2):51–63
5. Lehmann I (2012) Goldener Schnitt und Fibonacci-Zahlen in der Literatur. In: Die Fibonacci-Zahlen und der goldene Schnitt. MU Der Math-Unterr 58(1):39–48
6. Maor E, Jost E (2014) Beautiful geometry. Princeton University Press, Princeton
7. Walser H (2012) Fibonacci. Zahlen und Figuren. EAGLE, Edition am Gutenbergplatz, Leipzig
8. Walser H (2013a) Der Goldene Schnitt. Mit einem Beitrag von Hans Wußing über populärwissenschaftliche Mathematikliteratur aus Leipzig, 6., bearbeitete und erweiterte Aufl. EAGLE, Edition am Gutenbergplatz, Leipzig
9. Walser H (2013b) DIN A4 in Raum und Zeit. Silbernes Rechteck – Goldenes Trapez – DIN-Quader. EAGLE, Edition am Gutenbergplatz, Leipzig
10. Walser H (2021) Spiel mit Quadraten. MU Der Math 67(3):17–27

Eckige archimedische Spiralen

6

Inhaltsverzeichnis

6.1   Eine Zahlenspirale 95
6.2   Tribar-Spirale 100
6.3   Wurzelspiralen 102
6.4   Die Wurzelpyramide 104
6.5   Summe der ungeraden Zahlen 106
6.6   Halbregelmäßiges Fünfeck 108
Literatur 110

Bei eckigen archimedischen Spiralen ist jeder Durchgang gleich breit.

6.1   Eine Zahlenspirale

Die Abb. 6.1 zeigt den Anfang einer eckigen Zahlenspirale.

Die Anordnung der Zahlen in dieser Spirale enthält einige auffallende Eigenschaften. So sind die geraden beziehungsweise ungeraden Zahlen nach einem Schachbrettmuster verteilt. In den Spiralecken links oben und rechts unten stehen Quadratzahlen (Abb. 6.2). Nach links oben sind es die Quadrate der geraden, nach rechts unten die Quadrate der ungeraden Zahlen.

Die Zahlen in den Spiralecken rechts oben und links unten sind jeweils die geometrischen Mittel der benachbarten Quadratzahlen. Beispiel: $12 = \sqrt{9 \cdot 16}$. Die

---

Ergänzende Information Die elektronische Version dieses Kapitels enthält Zusatzmaterial, auf das über folgenden Link zugegriffen werden kann https://doi.org/10.1007/978-3-662-65132-2_6. Die Videos lassen sich durch Anklicken des DOI Links in der Legende einer entsprechenden Abbildung abspielen, oder indem Sie diesen Link mit der SN More Media App scannen.

© Der/die Autor(en), exklusiv lizenziert an Springer-Verlag GmbH, DE, ein Teil von Springer Nature 2022
H. Walser, *Spiralen, Schraubenlinien und spiralartige Figuren*, https://doi.org/10.1007/978-3-662-65132-2_6

Abb. 6.1 Eckige
Zahlenspirale

99	64	65	66	67	68	69	70	71	72
98	63	36	37	38	39	40	41	42	73
97	62	35	16	17	18	19	20	43	74
96	61	34	15	4	5	6	21	44	75
95	60	33	14	3	0	7	22	45	76
94	59	32	13	2	1	8	23	46	77
93	58	31	12	11	10	9	24	47	78
92	57	30	29	28	27	26	25	48	79
91	56	55	54	53	52	51	50	49	80
90	89	88	87	86	85	84	83	82	81

Abb. 6.2 Zahlen in den
Ecken

99	64	65	66	67	68	69	70	71	72
98	63	36	37	38	39	40	41	42	73
97	62	35	16	17	18	19	20	43	74
96	61	34	15	4	5	6	21	44	75
95	60	33	14	3	0	7	22	45	76
94	59	32	13	2	1	8	23	46	77
93	58	31	12	11	10	9	24	47	78
92	57	30	29	28	27	26	25	48	79
91	56	55	54	53	52	51	50	49	80
90	89	88	87	86	85	84	83	82	81

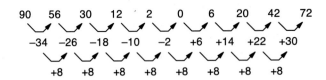

$$90 \quad 56 \quad 30 \quad 12 \quad 2 \quad 0 \quad 6 \quad 20 \quad 42 \quad 72$$

$$-34 \quad -26 \quad -18 \quad -10 \quad -2 \quad +6 \quad +14 \quad +22 \quad +30$$

$$+8 \quad +8 \quad +8 \quad +8 \quad +8 \quad +8 \quad +8 \quad +8$$

Abb. 6.3 Die zweiten Differenzen sind konstant

Zahlen haben die Form $n(n + 1)$. Beispiel: $12 = 3 \cdot 4 = 3(3 + 1)$. Weiter gilt das
Muster der Abb. 6.3. Die zweiten Differenzen sind konstant. Wir haben es mit
einer sogenannten arithmetischen Folge zweiter Ordnung zu tun.

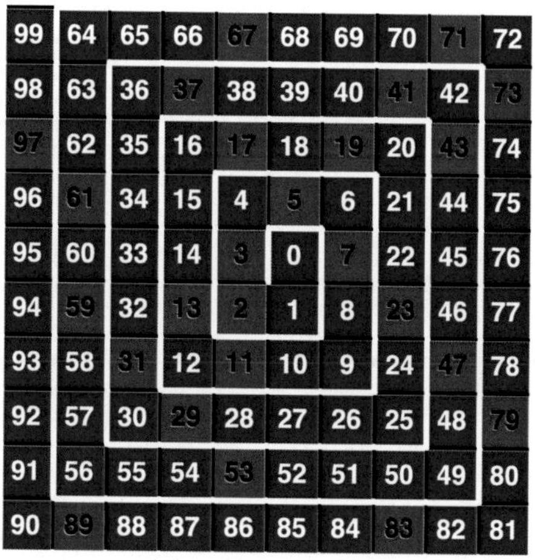

Abb. 6.4 Position der
Primzahlen

99	64	65	66	67	68	69	70	71	72
98	63	36	37	38	39	40	41	42	73
97	62	35	16	17	18	19	20	43	74
96	61	34	15	4	5	6	21	44	75
95	60	33	14	3	0	7	22	45	76
94	59	32	13	2	1	8	23	46	77
93	58	31	12	11	10	9	24	47	78
92	57	30	29	28	27	26	25	48	79
91	56	55	54	53	52	51	50	49	80
90	89	88	87	86	85	84	83	82	81

Abb. 6.5 Primzahlen auf
diagonalen Geraden

Eine bei 0 oder 1 beginnende nach außen verlaufende waagerechte, senkrechte oder schräge Zahlenfolge ist ebenfalls eine arithmetische Folge zweiter Ordnung. Die konstante Differenz ist 8.

In der Abb. 6.4 sind die Primzahlen rot markiert.

Erstaunlich viele Primzahlen finden sich auf diagonalen Geraden. Diese Eigenschaft wurde 1963 von Stanisław Marcin Ulam (1909–1984) entdeckt. Die Spirale wird daher als Ulam-Spirale bezeichnet. Dabei ist die Startzahl in der Regel nicht 0, sondern 1. Das Rätsel dieser Primzahl-Positionierung ist bis heute nicht gelöst. Die Abb. 6.5 zeigt die Position der Primzahlen zwischen 0 und 1599.

In der Abb. 6.6 ist die Reihenfolge der Zahlen umgekehrt, sodass sie nun von außen nach innen wachsen. Das Farbspektrum ist über die gesamte Folge gezogen. Der Sinn dieser Umkehrung der Reihenfolge besteht darin, dass bei einem Histo-

Abb. 6.6 Umgekehrte
Reihenfolge

1	36	35	34	33	32	31	30	29	28
2	37	64	63	62	61	60	59	58	27
3	38	65	84	83	82	81	80	57	26
4	39	66	85	96	95	94	79	56	25
5	40	67	86	97	100	93	78	55	24
6	41	68	87	98	99	92	77	54	23
7	42	69	88	89	90	91	76	53	22
8	43	70	71	72	73	74	75	52	21
9	44	45	46	47	48	49	50	51	20
10	11	12	13	14	15	16	17	18	19

gramm (Staffelbild, Säulendiagramm) nun die kleinen Zahlen außen sind und die großen innen. Statt eines Trichters entsteht ein Berg, genauer eine kuppelförmige Figur (Abb. 6.7a, die Figur ist unterhöht dargestellt). Eine gleichmäßig ansteigende Treppe windet sich außen hoch. Das Gebilde ist oben abgeflacht.

Die Abb. 6.7b zeigt das Histogramm der Zahlen der Abb. 6.5 mit den rot markierten Primzahlen, aber mit umgekehrter Reihenfolge der Zahlen. Im Einstieg unten rechts sind die Primzahlen 2, 3, 5 und 7 erkennbar. Die Histogramme haben einen parabolischen Umriss. Dies erklärt sich durch die arithmetischen Folgen zweiter Ordnung.

Natürlich hätte man gerne eine Pyramide ohne Krümmung der Seitenwände. Dazu werden die Zahlen der Abb. 6.6 ersetzt durch den Wert:

$$\sqrt{N} - \sqrt{N - n} \qquad (6.1)$$

Dabei ist n die Laufnummer und N die größte Zahl. In der Abb. 6.6 ist $N = 100$. Die Werte gemäß Gl. 6.1 sind in der Regel nicht ganzzahlig. In der Abb. 6.8

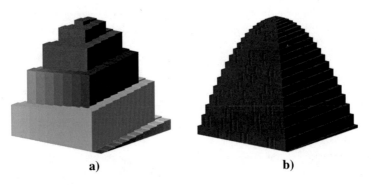

a)   b)

Abb. 6.7 Gleichmäßiger Anstieg. Ulam-Kuppel

Abb. 6.8 Modifikation

0.05	2	1.94	1.88	1.81	1.75	1.69	1.63	1.57	1.51
0.10	2.06	4	3.92	3.84	3.76	3.68	3.60	3.52	1.46
0.15	2.13	4.08	6	5.88	5.76	5.64	5.53	3.44	1.40
0.20	2.19	4.17	6.13	8	7.76	7.55	5.42	3.37	1.34
0.25	2.25	4.26	6.26	8.27	10	7.35	5.31	3.29	1.28
0.30	2.32	4.34	6.39	8.59	9	7.17	5.20	3.22	1.23
0.36	2.38	4.43	6.54	6.68	6.84	7	5.10	3.14	1.17
0.41	2.45	4.52	4.61	4.71	4.80	4.90	5	3.07	1.11
0.46	2.52	2.58	2.65	2.72	2.79	2.86	2.93	3	1.06
0.51	0.57	0.62	0.67	0.73	0.78	0.83	0.89	0.94	1

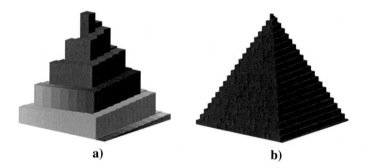

a)   b)

Abb. 6.9 Die Treppenstufen werden immer höher. Ulam-Pyramide

sind die nicht ganzzahligen Werte auf zwei Dezimalstellen gerundet. Bei den ganzzahligen Werte sieht man deutlich, bei den anderen näherungsweise eine arithmetische Folge erster Ordnung und damit einen gleichmäßigen Anstieg.

Die Abb. 6.9 zeigt das zugehörige Histogramm. Die Treppen werden nach oben immer steiler. Die letzte Stufe hat die Höhe 1.

In der Abb. 6.10 sind die Farben in einem achtteiligen Rhythmus angeordnet.

Abb. 6.10 Achtteiliger
Farbrhythmus (▸ https://doi.
org/10.1007/000-63m)

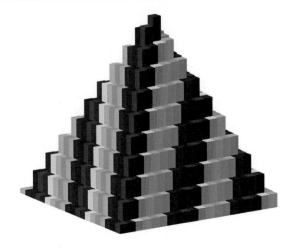

6.2   Tribar-Spirale

Das Penrose-Tribar (Abb. 6.11a) wurde von Oscar Reutersvärd 1934 erfunden
[2] und von Roger Penrose 1958 wiederentdeckt. Es handelt sich dabei um eine
„unmögliche Figur", die im Raum nicht realisierbar ist.

In der Abb. 6.11b sieht man eine davon abgeleitete Spirale. Die Teile in der
linken Hälfte der Spirale („gelbe Ecken") scheinen in einer horizontalen Ebene,
zum Beispiel auf einer Tischfläche zu liegen, die Teile rechts unten („rote Ecken")
in einer vertikalen Ebene, die von links hinten nach rechts vorne verläuft, und die
Teile rechts oben („blaue Ecken") in einer vertikalen Ebene von links vorne nach
rechts hinten. Also drei paarweise senkrechte Ebenen. – Ist diese Spirale ebenfalls
eine „unmögliche Figur"?

Abb. 6.11 Penrose-Tribar
und Tribar-Spirale

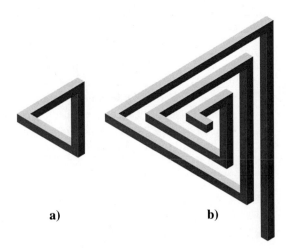

a)   b)

Abb. 6.12 Tribar-Spirale im Raum (► https://doi. org/10.1007/000-63k)

a)   b)

Abb. 6.13 Verschiedene Ansichten

Nein. Die Spirale ist im Raum realisierbar (Abb. 6.12). Das liegt daran, dass die Figur nicht geschlossen ist. Und die scheinbar in einer Ebene liegenden Teile liegen nicht in einer gemeinsamen Ebene.

Die Abb. 6.13a zeigt diese Spirale aus Würfelchen zusammengesetzt. Diese Ansicht ist eine sogenannte isometrische Axonometrie. Ein einzelnes Würfelchen wird dabei längs einer Körperdiagonalen angesehen. Der Würfelchen-Umriss erscheint dabei als regelmäßiges Sechseck. Das ist dieselbe Sicht wie bei der Abb. 6.11b. Die Abb. 6.13b gibt dieselbe Spirale in einer anderen Ansicht. Die räumliche Struktur wird deutlich sichtbar.

6.3   Wurzelspiralen

Die klassische Wurzelspirale (Abb. 6.14a) besteht aus rechtwinkligen Dreiecken, deren eine Kathete die konstante Länge 1 hat. Die andere Kathete, die auch Hypotenuse des vorhergehenden Dreiecks ist, hat der Reihe nach die Länge $\sqrt{1}, \sqrt{2}, \sqrt{3}, \sqrt{4}, \sqrt{5}, \dots$.

In der Abb. 6.14b sind die ersten 100 Dreiecke gezeichnet. Die Spirale nähert sich einer archimedischen Spirale mit dem Abstand π zwischen zwei Durchgängen an [3]. Dies kann an den mit Vielfachen von π markierten Koordinatenachsen abgelesen werden.

Nun eine Modifikation Wurzelspirale. Der rechte Winkel wird durch einen anderen konstanten Winkel ersetzt, zum Beispiel den Winkel 60°. Die blauen Speichenlängen werden auf $\sqrt{1}, \sqrt{2}, \sqrt{3}, \sqrt{4}, \sqrt{5}, \dots$ belassen. Das hat natürlich zur Folge, dass die Längen der roten Spiralseiten nicht mehr konstant sind. Sondern interessant. Die Abb. 6.15a zeigt die ersten vier Dreiecke. In der Abb. 6.15b sind die ersten 120 Dreiecke gezeichnet.

In jedem Teildreieck sind zwei Seiten, nämlich die blauen Speichenlängen, sowie der Winkel 60° bekannt. Mit dem Sinussatz kann damit die rote Seitenlänge berechnet werden. Für das Dreieck mit der Nummer n ergibt sich die Seitenlänge:

$$s_n = \frac{1}{2}\sqrt{n+4} + \frac{1}{2}\sqrt{n} \tag{6.2}$$

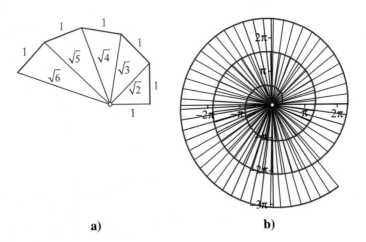

a)   b)

Abb. 6.14 Wurzelspirale

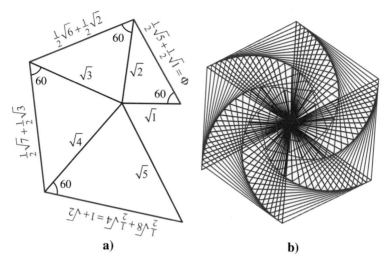

Abb. 6.15 Modifizierte Wurzelspirale

Für $n = 1$ erhält man den Goldenen Schnitt (vgl. [1, 4]). Der Goldene Schnitt erscheint aber auch später immer wieder als Seitenlänge. Es ist:

$$s_1 = \tfrac{1}{2}\sqrt{5} + \tfrac{1}{2}\sqrt{1} = \Phi$$

$$s_5 = \tfrac{1}{2}\sqrt{9} + \tfrac{1}{2}\sqrt{5} = \Phi^2$$

$$s_{16} = \tfrac{1}{2}\sqrt{20} + \tfrac{1}{2}\sqrt{16} = \Phi^3 \tag{6.3}$$

$$s_{45} = \tfrac{1}{2}\sqrt{49} + \tfrac{1}{2}\sqrt{45} = \Phi^4$$

Das analoge Phänomen tritt auch bei den anderen Seitenlängen auf. So ist zum Beispiel:

$$s_2 = \tfrac{1}{2}\sqrt{6} + \tfrac{1}{2}\sqrt{2}$$

$$s_{12} = \tfrac{1}{2}\sqrt{16} + \tfrac{1}{2}\sqrt{12} = s_2^2$$

$$s_{50} = \tfrac{1}{2}\sqrt{54} + \tfrac{1}{2}\sqrt{50} = s_2^3 \tag{6.4}$$

$$s_{192} = \tfrac{1}{2}\sqrt{196} + \tfrac{1}{2}\sqrt{192} = s_2^4$$

Da ergeben sich interessante zahlentheoretische Fragen.

6.4   Die Wurzelpyramide

Es wird exemplarisch eine Wurzelpyramide mit der Schlüsselzahl acht konstruiert. Als Grundfläche dienen die ersten acht Dreiecke der Wurzelspirale (Abb. 6.16). Bei acht Dreiecken ergeben sich neun blaue Speichen („Zaunpfahlproblem"). Diese haben der Reihe nach die Längen:

$$\sqrt{1}, \sqrt{2}, \sqrt{3}, \sqrt{4}, \sqrt{5}, \sqrt{6}, \sqrt{7}, \sqrt{8}, \sqrt{9} \qquad (6.5)$$

Die zweitletzte Speichenlänge ist die Quadratwurzel aus der Schlüsselzahl acht.

Nun wird im Zentrum eine senkrechte Stange der Länge $\sqrt{8}$ als Höhe oder Mast angesetzt (Abb. 6.16b). Die Höhe ist also gleich lang wie die zweitletzte Speiche. Diese und die Höhe bilden ein senkrecht stehendes rechtwinklig-gleichschenkliges Dreieck.

Vom Ende dieser Stange werden Schrägkanten zu den Eckpunkten der Grundfläche gezeichnet (Abb. 6.17a). Die Pyramide nimmt Form an.

Die Längen der Schrägkanten können mit den Stützdreiecken (Abb. 6.17b) berechnet werden. Diese Stützdreiecke sind rechtwinklige Dreiecke mit der senkrechten Stange als der einen und den Speichen als die jeweilige andere Kathete.

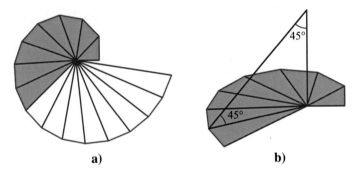

a)   b)

Abb. 6.16 Grundfläche und Höhe

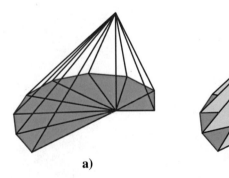

a)   b)

Abb. 6.17 Schrägkanten und Stützdreiecke

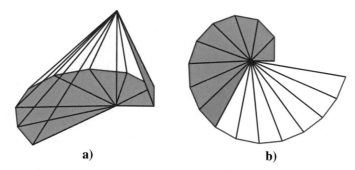

Abb. 6.18 Erstes Dachdreieck

Für die jeweilige Hypotenuse, also die Länge der Schrägkante, ergibt sich der Reihe nach:

$$\sqrt{\sqrt{8}^2 + \sqrt{1}^2} = \sqrt{8+1} = \sqrt{9}$$
$$\sqrt{\sqrt{8}^2 + \sqrt{2}^2} = \sqrt{8+2} = \sqrt{10}$$
$$\vdots$$
$$\sqrt{\sqrt{8}^2 + \sqrt{9}^2} = \sqrt{8+9} = \sqrt{17}$$

(6.6)

Die erste Zahl von Gl. 6.6 ist die letzte Zahl von Gl. 6.5.

Nun kann mit dem Dach begonnen werden (Abb. 6.18a).

Das erste Dachdreieck hat die drei Seitenlängen $\sqrt{9}, 1, \sqrt{10}$. Es ist also rechtwinklig, und zwar ist es genau das erste an die grünen Dreiecke in der Abb. 6.16a anschließende Dreieck der Wurzelspirale (Abb. 6.18b). Dieser verblüffende Sachverhalt hat mich bewogen, diesen Abschnitt auszuarbeiten.

Das gesamte Dach (Abb. 6.19) besteht aus den acht an die grünen Dreiecke der Abb. 6.16a anschließenden Dreiecken der Wurzelspirale.

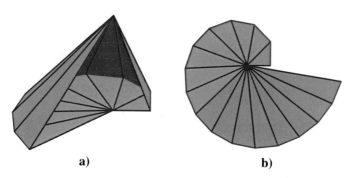

Abb. 6.19 Dach

Abb. 6.20 Papiermodell

Der Mast und die Stützdreiecke können entfernt werden. Dann sieht man ins Innere der Pyramide.

Das Papiermodell (Abb. 6.20) hält ohne Mast und Stützdreiecke.

Die in diesem Beispiel verwendete Schlüsselzahl acht kann durch irgendeine andere natürliche Zahl ersetzt werden. Die Abb. 6.21 zeigt die Pyramide für die Schlüsselzahl 32.

6.5   Summe der ungeraden Zahlen

Die Summenformel der ersten n ungeraden Zahlen lautet:

$$1 + 3 + 5 + 7 + \cdots + (2n - 1) = \sum_{k=1}^{n} (2k - 1) = n^2 \qquad (6.7)$$

Zur Visualisierung können eckige archimedische Spiralen verwendet werden. Die folgenden Abbildungen illustrieren den Fall $n = 6$.

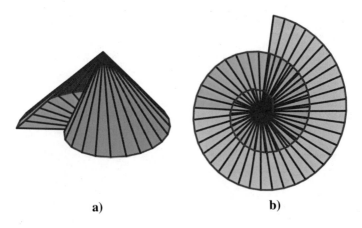

a)   b)

Abb. 6.21 Schneckenpyramide

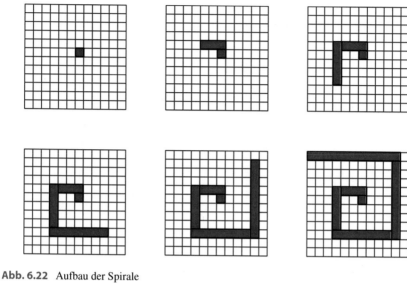

Abb. 6.22 Aufbau der Spirale

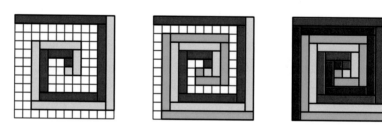

Abb. 6.23 Vier Spiralen

In einem 12×12-Quadratraster (Abb. 6.22) wird ein Quadrat markiert, anschließend werden rechtwinklig dazu drei weitere Quadrate markiert, wieder rechtwinklig dazu fünf weitere Quadrate und so weiter. Das ergibt eine eckige archimedische Spirale, welche aus $1 + 3 + 5 + 7 + \cdots + (2n - 1)$ Quadraten besteht.

In den Zwischenraum der Spirale können drei weitere solche Spiralen eingefügt werden (Abb. 6.23).

Die vier Spiralen füllen ein großes Quadrat der Seitenlänge $2n$. Somit gilt für die gesamte Anzahl der Rasterquadrate:

$$4(1 + 3 + 5 + 7 + \cdots + (2n - 1)) = (2n)^2 = 4n^2 \tag{6.8}$$

Daraus ergibt sich die Summenformel Gl. 6.7 der ersten n ungeraden Zahlen.

Eine analoge Herleitung dieser Summenformel spielt auf der Würfeloberfläche (Abb. 6.24). Um eine Würfelecke herum wird eine Spirale mit

Abb. 6.24 Würfelecke

$1 + 3 + 5 + 7 + \cdots + (2n - 1)$ Rasterquadraten konstruiert. Der Würfel hat die Seitenlänge n.

In die drei sichtbaren Würfelseiten können nun zwei weitere solche Spiralen eingefügt werden. Damit ergibt sich:

$$3(1 + 3 + 5 + 7 + \cdots + (2n - 1)) = 3n^2 \qquad (6.9)$$

Daraus folgt wieder die Summenformel Gl. 6.7 für die ersten n ungeraden Zahlen.

6.6 Halbregelmäßiges Fünfeck

Das regelmäßige Fünfeck kann nicht für eine Parkettierung der Ebene verwendet werden. Bei drei an den Seiten aneinandergefügten Fünfecken bleibt an einer Ecke eine Lücke von 36° übrig (Abb. 6.25a).

Man klappt nun beim regelmäßigen Fünfeck eine Ecke ein (Abb. 6.25b). Die Restfigur ist ein halbregelmäßiges Fünfeck. Es hat zwar fünf gleich lange Seiten, die Winkel sind aber ungleich.

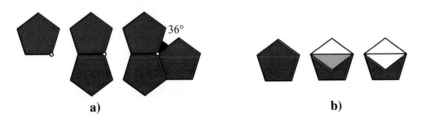

a)   b)

Abb. 6.25 Lücke. Halbregelmäßiges Fünfeck

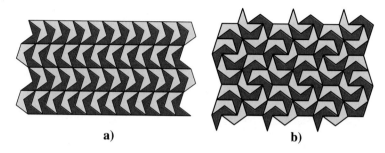

a)   b)

Abb. 6.26 Parkette

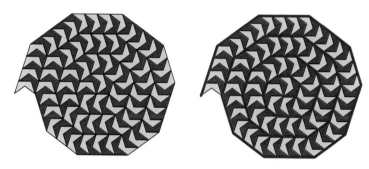

Abb. 6.27 Eckige archimedische Spirale

Mit dem halbregelmäßigen Fünfeck kann die Ebene parkettiert werden (Abb. 6.26). Bei der recht einfachen Lösung der Abb. 6.26a wird man leicht das Opfer einer optischen Täuschung. Sind die horizontalen Linien parallel? – Sie sind tatsächlich parallel.

Die Abb. 6.27 zeigt eine spiralförmige Anordnung.

Es geht auch mit zwei oder zehn Spiralen (Abb. 6.28).

Diese Überlegungen funktionieren ebenfalls mit einem halbregelmäßigen Siebeneck. Es gibt zwei verschiedene halbregelmäßige Siebenecke (Abb. 6.29).

Die Abb. 6.30 zeigt eine aus dem schmalen halbregelmäßigen Siebeneck (Abb. 6.29a) gebaute Doppelspirale.

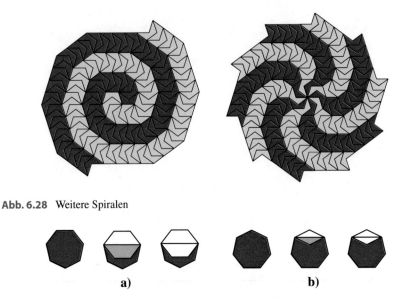

Abb. 6.28 Weitere Spiralen

a)   b)

Abb. 6.29 Halbegelmäßige Siebenecke

Abb. 6.30 Doppelspirale

Literatur

1. Lehmann I (2012) Goldener Schnitt und Fibonacci-Zahlen in der Literatur. Die Fibonacci-Zahlen und der goldene Schnitt. MU Der Mathematik-Unterricht 58(1):39–48
2. Reutersvärd O (1984) Unmögliche Figuren. Vom Abenteuer der Perspektiven. Moos, München
3. Walser H (2004) Pythagoras, eine archimedische Spirale und eine Approximation von π. Prax Math 46:287–288
4. Walser H (2013a) Der Goldene Schnitt. 6., bearbeitete und erweiterte Auflage. Mit einem Beitrag von Hans Wußing über populärwissenschaftliche Mathematikliteratur aus Leipzig. EAGLE, Edition am Gutenbergplatz, Leipzig

Krümmung

7

Inhaltsverzeichnis

7.1	Zollstock	111
7.2	Krümmung	113
7.3	Die Klothoide	115
7.4	Straßen- und Eisenbahnbau	116
7.5	Noch eine optische Täuschung	117
7.6	Alle Klothoiden sind ähnlich	118
7.7	Wachsende Krümmung	119

Es werden Kurven mit wachsender oder abnehmender Krümmung untersucht. Insbesondere kommt die Klothoide zur Sprache. Diese spielt im Verkehrswesen eine wichtige Rolle.

7.1 Zollstock

Beim Gliedermaßstab (Zollstock, Doppelmeter) der Abb. 7.1 wurde beim ersten Gelenk, also bei der Marke für 20 cm, eine Richtungsänderung (das heißt ein Außenwinkel) von 10° im Gegenuhrzeigersinn eingestellt, beim zweiten Gelenk eine Richtungsänderung von 20°, und so weiter. Die Richtungsänderung wird fortlaufend um 10° vergrößert. Beim letzten Gelenk, also bei der Marke für 180 cm, ergibt sich daher eine Richtungsänderung von 90°. So erhält man eine einwärts laufende eckige Spirale.

Ergänzende Information Die elektronische Version dieses Kapitels enthält Zusatzmaterial, auf das über folgenden Link zugegriffen werden kann https://doi.org/10.1007/978-3-662-65132-2_7. Die Videos lassen sich durch Anklicken des DOI Links in der Legende einer entsprechenden Abbildung abspielen, oder indem Sie diesen Link mit der SN More Media App scannen.

© Der/die Autor(en), exklusiv lizenziert an Springer-Verlag GmbH, DE, ein Teil von Springer Nature 2022
H. Walser, *Spiralen, Schraubenlinien und spiralartige Figuren*,
https://doi.org/10.1007/978-3-662-65132-2_7

Abb. 7.1 Zunehmende
Richtungsänderung

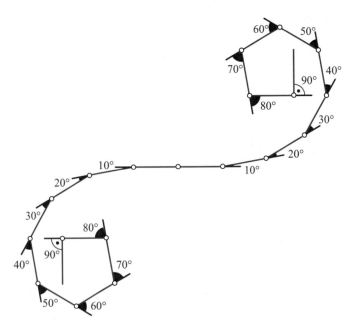

Abb. 7.2 Doppelspirale

Die schrittweise zunehmende Richtungsänderung kann summarisch wie folgt
überprüft werden. Es ist $10° + 20° + \cdots + 90° = 450° = 360° + 90°$. Das gibt
insgesamt eine volle Runde plus einen rechten Winkel. Das letzte Gelenkglied
muss also rechtwinklig nach oben schauen. Die Abb. 7.1 stimmt nicht genau, da
die Winkel nur mehr oder weniger genau mit Augenmaß eingestellt wurden. Die
Abb. 7.2 zeigt die korrekte Situation. Zudem ist die Figur auch nach rückwärts
gezeichnet. So ergibt sich eine Doppelspirale.

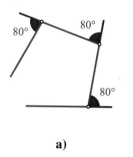 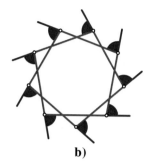

a)   b)

Abb. 7.3 Konstante Richtungsänderung

Bei einer konstanten Richtungsänderung liegen die Gelenkpunkte auf einem Kreis (Abb. 7.3).

Dabei kann es mehrere Umläufe brauchen, bis sich die Figur schließt. Es ist sogar möglich, dass sich die Figur überhaupt nie schließt, nämlich dann, wenn die konstante Richtungsänderung in einem irrationalen Verhältnis zum vollen Winkel 360° steht.

7.2   Krümmung

Statt einer schrittweise wachsenden Richtungsänderung kann man mit einer kontinuierlich gleichmäßig zunehmenden Richtungsänderung arbeiten. Damit kommt man zum Konzept der Krümmung. Diese ist die momentane Richtungsänderung. Der Begriff entspricht der Momentan-Geschwindigkeit einer beschleunigten Bewegung.

Man kann sich das so vorstellen: Wird das Steuerrad eines Wagens etwas nach links gedreht und dann in dieser Position festgehalten, fährt der Wagen einen Kreis, eine Linkskurve mit konstanter Krümmung also. Kann auf einem großen freien Platz ausprobiert werden.

Wird das Steuerrad aber kontinuierlich gedreht, fährt man eine Spirale. Der momentane Krümmungskreis in einem bestimmten Zeitpunkt ist der Kreis, welcher der Wagen fahren würde, wenn die Steuerradstellung ab diesem Zeitpunkt festgehalten würde. Dieser Kreis heißt Krümmungskreis. Er schmiegt sich optimal der Kurve an, daher die amerikanische Bezeichnung kissing circle. Der Krümmungskreis ist so etwas wie eine kreisförmige Tangente.

Der Betrag der Krümmung wird als Kehrwert des Krümmungskreisradius definiert. Je größer die Krümmung, umso schärfer die Kurve und entsprechend kleiner der Krümmungskreisradius. Die Krümmung kann beide Vorzeichen haben. Das Vorzeichen ist so definiert, dass Linkskurven eine positive, Rechtskurven eine negative Krümmung haben.

Die Parabel hat die größte Krümmung und damit den kleinsten Krümmungskreis im Scheitelpunkt (Abb. 7.4a). Abseits vom Scheitelpunkt ist die Krümmung kleiner. Der Krümmungskreis wird entsprechend größer. Er liegt nicht mehr

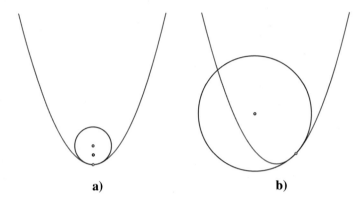

Abb. 7.4 Krümmungskreise an die Parabel

ganz auf einer Seite der Parabel, sondern durchsetzt diese (Abb. 7.4b). Die Vorstellung des kissing circle ist da nicht mehr ganz passend. Die Abb. 7.5 zeigt einen dynamischen Krümmungskreis.

Bei einem parabolischen Hohlspiegel, also einem innen verspiegelten Rotationsparaboloid, sieht man sich aufrecht, wenn man ganz nahe dran ist. Bei größerem Abstand sieht man sich plötzlich kopfüber. Der Kipppunkt ist das Zentrum des Krümmungskreises im Scheitel. Solche Hohlspiegel sind etwa die Rasierspiegel. Auch ein polierter spiegelnder Suppenlöffel zeigt diesen Kippeffekt. Das Zentrum des Krümmungskreises im Scheitelpunkt der Parabel ist aber nicht der Brennpunkt der Parabel. Der Brennpunkt liegt in der Mitte zwischen dem Zentrum des Krümmungskreises und dem Scheitelpunkt.

Gelegentlich wird an den Schulen die Falschinformation verbreitet, die Krümmung sei die zweite Ableitung. Dies in Analogie zur ersten Ableitung, welche die Tangentensteigung gibt. Dass dies nicht stimmen kann, sieht man am Beispiel der Parabel mit der Gleichung $y = x^2$. Die zweite Ableitung bezüglich x ist die Konstante 2. Eine Kurve mit konstanter Krümmung müsste aber ein Kreis sein, keine Parabel.

Für die Krümmung κ einer durch $y = f(x)$ beschriebenen Kurve gilt die etwas komplizierte Formel:

$$\kappa(x) = \frac{\ddot{f}(x)}{\left(1 + \dot{f}(x)^2\right)^{\frac{3}{2}}} \qquad (7.1)$$

Abb. 7.5 Dynamischer Krümmungskreis (▸ https://doi.org/10.1007/000-63m)

Die zweite Ableitung spielt in dieser Formel zwar eine wichtige Rolle, es spielt aber auch die erste Ableitung mit hinein. Für den Fall der Parabel ergibt sich die Krümmungsformel:

$$\kappa(x) = \frac{2}{\left(1 + 4x^2\right)^{\frac{3}{2}}} \tag{7.2}$$

Für $x = 0$, also im Scheitelpunkt, ist der Nenner in der Krümmungsformel am kleinsten und damit die Krümmung am größten.

Hingegen ist die Sicht der zweiten Ableitung als Krümmungsmaß richtig im Fall einer Parametrisierung der Kurve mit einem speziellen Parameter, nämlich der eigenen Kurvenlänge (auch Bogenlänge genannt). Diese Parametrisierung ist rechnerisch oft kompliziert, von der Idee her aber ganz natürlich. Viele Verkehrswege, Straßen, Bahnlinien, schiffbare Flüsse und Kanäle werden mit ihrer eigenen Länge beschrieben. Davon zeugen die Kilometersteine oder Meilensteine am Straßenrand. Hinter den folgenden Beispielen steckt oft diese spezielle Parametrisierung mit der eigenen Kurvenlänge s.

Die einfachste Krümmungsfunktion ist die Konstante. Für die Konstante null ergibt sich eine Gerade, für alle anderen Konstanten ein Kreis.

7.3   Die Klothoide

Mit einer Krümmungsfunktion proportional zur Kurvenlänge erhalten wir eine sogenannte Klothoide (Abb. 7.6). Im Wendepunkt ist die Krümmung null, im rechten Ast positiv, im linken Ast negativ.

In der Abb. 7.6b sind exemplarisch drei Krümmungskreise eingezeichnet. Die Kreise liegen ineinander drin, sie haben keine Punkte gemeinsam.

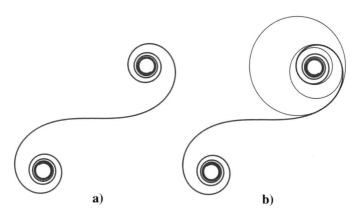

Abb. 7.6   Klothoide

7.4   Straßen- und Eisenbahnbau

Ein Kreis ist gleichmäßig gekrümmt. Beim Durchfahren eines Kreises haben
wir daher eine konstante Radialbeschleunigung. Wenn man jedoch von einem
geraden Straßenstück abrupt in ein kreisförmiges Straßenstück einschwenken
würde, ergäbe sich eine schlagartige Zunahme der Radialbeschleunigung. Also
ein Fußtritt von der Seite. Um dies zu vermeiden, werden Straßen und Eisenbahn-
trassen so gebaut, dass die Krümmung und damit die Radialbeschleunigung allmählich zunehmen.

Im Gleisoval bei Großvaters Modelleisenbahn (Abb. 7.7) pflegt die Lok bei
großer Geschwindigkeit genau beim Übergang vom geraden Gleisstück zum
gebogenen Gleisstück aus den Schienen zu kippen. Bei diesem Übergang vom
geraden Gleisstück zum gebogenen Gleisstück ergibt sich ein Krümmungssprung.
Die Übergangsstelle kann optisch problemlos ausgemacht werden. Zudem hat
man den Eindruck, dass die geraden Gleisstücke in der Mitte von oben und von
unten eingedrückt sind. Dies ist eine optische Täuschung. Die menschliche Wahr-
nehmung versucht, die konstante Krümmung der beiden Halbkreise auf das gerade
Stück fortzusetzen.

Bei Verwendung von Klothoiden-Bögen hingegen ändert die Krümmung stetig
(Abb. 7.8). Die Übergangsstelle vom geraden Gleisstück zum gebogenen Gleisstück ist nicht mehr so einfach auszumachen, weil die Krümmung allmählich
zunimmt. Auch entsteht der Eindruck, dass die beiden geraden Stücke länger sind
als beim Oval mit den Halbkreisen. Dies ist wiederum eine optische Täuschung.
Die geraden Gleisstücke sind in beiden Ovalen gleich lang.

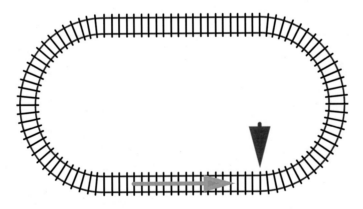

Abb. 7.7 Gleisoval und Gefahrenpunkt

Abb. 7.8 Kontinuierliche Krümmung

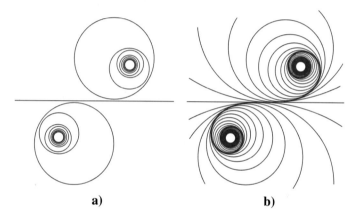

a) b)

Abb. 7.9 Optische Täuschung

7.5   Noch eine optische Täuschung

Die Krümmungskreise der Klothoide schneiden sich nicht (Abb. 7.6b und 7.9a).
Werden die Krümmungskreise aber dichter gezeichnet (Abb. 7.9b), werden sie
nicht mehr als Einzelkreise wahrgenommen. Hingegen glaubt man die Klothoide
zu sehen, die aber tatsächlich nicht eingezeichnet ist.

In der Abb. 7.9 erscheint auch eine Gerade als Krümmungs-„Kreis", und zwar
beim Wendepunkt der scheinbaren Klothoide. Im Wendepunkt ist die Krümmung
null. Der zugehörige Krümmungskreis hat den Radius unendlich, ist also eine
Gerade, nämlich die Wendetangente.

7.6   Alle Klothoiden sind ähnlich

Für die lineare Krümmungsfunktion $\kappa(s)$ der Klothoide verwendet man gerne die
Schreibweise:

$$\kappa(s) = \frac{1}{a^2}s \qquad (7.3)$$

Diese etwas komplizierte Schreibweise ist historisch begründet. Sie hat aber auch
Vorteile. Bei den Klothoiden der Abb. 7.10 wurden für a der Reihe nach die Werte
1, 2, 3 und 4 gewählt. Die Kurven haben dieselbe Form, sind aber mit dem Faktor
a gestreckt. Man kann zeigen, dass alle Klothoiden ähnlich sind mit dem Streckfaktor a.

Die Abb. 7.11 zeigt die Ähnlichkeit als dynamisches Aufblasen.

Die in Abb. 7.10 und 7.11 eingezeichneten Wickelpunkte haben die
Koordinaten:

$$\left(\pm a\frac{\sqrt{\pi}}{2}, \pm a\frac{\sqrt{\pi}}{2} \right) \qquad (7.4)$$

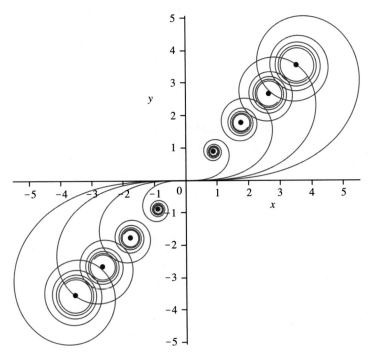

Abb. 7.10 Alle Klothoiden sind ähnlich

Abb. 7.11 Aufblasen (▸ https://doi.org/10.1007/000-63k)

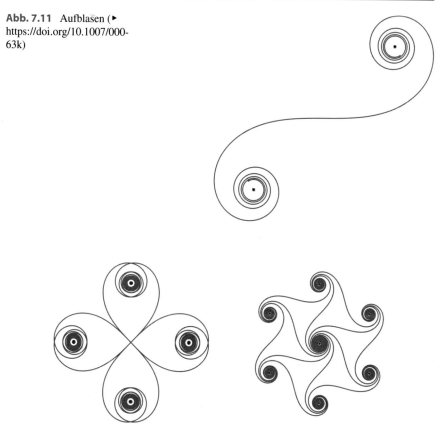

Abb. 7.12 Kleeblatt und Sechseck

Es gibt auch andere geometrische Figuren, die jeweils zueinander ähnlich sind, zum Beispiel Kreise, Kreisevolventen, Quadrate, regelmäßige Vielecke gleicher Eckenzahl und Parabeln. Wenn die Größe keine Rolle spielt, kann daher in der Einzahl besprochen werden: der Kreis oder die Klothoide.

Aus Klothoiden können Kleeblätter und ornamentale Figuren gebaut werden (Abb. 7.12).

7.7 Wachsende Krümmung

Die lineare Krümmungsfunktion der Klothoide kann durch eine beliebige wachsende oder fallende Funktion ersetzt werden.

In der Abbildungen Abb. 7.13 ist die Krümmungsfunktion eine Potenzfunktion der Kurvenlänge s vom zweiten beziehungsweise dritten Grad. Man sieht einen

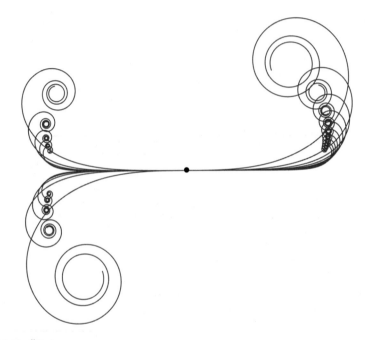

Abb. 7.13 Krümmungsfunktionen zweiten und dritten Grades

Abb. 7.14 Überlagerung

Paritätsunterschied. Bei ungeraden Exponenten gibt es einen Wendepunkt und die Krümmung ändert das Vorzeichen, bei geraden Exponenten nicht.

Die Abb. 7.14 zeigt die Überlagerung für Potenzfunktionen mit den Exponenten 1 bis 10.

In der Abb. 7.15 ist die Krümmungsfunktion exponentiell beziehungsweise logarithmisch. Der eingezeichnete Punkt markiert jeweils den Nullpunkt der Streckenmessung.

Die Spirale der Abb. 7.16 hat die wachsende Krümmungsfunktion:

$$\kappa(s) = s + \sin(s) \tag{7.5}$$

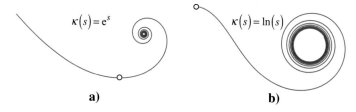

Abb. 7.15 Krümmungsfunktion exponentiell und logarithmisch

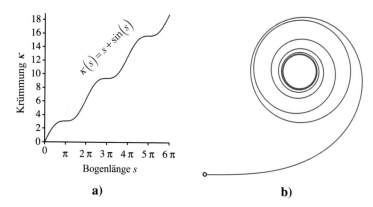

Abb. 7.16 Monoton wachsende Krümmung

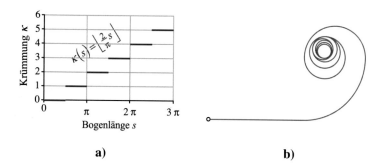

Abb. 7.17 Krümmungssprünge

Diese Krümmungsfunktion enthält lokal konstanten Stellen. Daher hat die Spirale Stellen mit lokal konstanter Krümmung. Wegen dem unregelmäßigen Krümmungswachstum „eiert" die Kurve.

Bei der Spirale der Abb. 7.17 schließlich ist die Krümmungsfunktion treppenförmig. Bei jedem Vielfachen von 0.5π gibt es einen Sprung um 1. Diese Funktion kann formelmäßig mit dem Abrundungssymbol (eckige Klammern mit Füßchen nur unten) dargestellt werden:

$$\kappa(s) = \frac{2}{\pi} s \qquad (7.6)$$

Die Krümmung hat Sprünge. Sie ist zwar noch wachsend in dem Sinne, dass sie nirgends abnimmt, enthält aber stückweise konstante Stellen.

Die zugehörige Spirale besteht zunächst aus einem geraden Stück der Länge 0.5π. Dann folgt mit einem Krümmungssprung ein Viertelkreis-Bogen mit dem Radius 1 und damit ebenfalls der Länge 0.5π. Dann folgt ein Halbkreis-Bogen mit dem Radius 0.5 und damit ebenfalls der Länge 0.5π. Dann folgt ein Dreiviertel-kreis-Bogen mit dem Radius ein Drittel, dann ein sich schließender voller Kreis mit dem Radius ein Viertel. Das nächste Stück ist mehr als ein voller Kreis. Man kann daher nicht mehr von einer Spirale sprechen.

Goldene Spiralen

8

Inhaltsverzeichnis

8.1   Im Goldenen Rechteck. 123
8.2   Die Fibonacci-Kurve 126
Literatur. 129

Es werden Spiralen, meist logarithmische Spiralen, im Kontext des Goldenen Schnittes vorgestellt.

8.1   Im Goldenen Rechteck

Das Goldene Rechteck hat folgende definierende Eigenschaft: Wird vom Rechteck ein Quadrat abgeschnitten (Abb. 8.1a), bleibt ein Restrechteck mit demselben Seitenverhältnis wie das ursprünglich Rechteck übrig. Das Restrechteck ist also wieder ein Goldenes Rechteck.

Somit gilt aufgrund der Ähnlichkeit des ganzen Rechteckes mit dem Teilrechteck:

$$\frac{\Phi}{1} = \frac{1}{\Phi - 1} \Rightarrow \Phi^2 - \Phi - 1 = 0 \tag{8.1}$$

Ergänzende Information Die elektronische Version dieses Kapitels enthält Zusatzmaterial, auf das über folgenden Link zugegriffen werden kann https://doi.org/10.1007/978-3-662-65132-2_8. Die Videos lassen sich durch Anklicken des DOI Links in der Legende einer entsprechenden Abbildung abspielen, oder indem Sie diesen Link mit der SN More Media App scannen.

© Der/die Autor(en), exklusiv lizenziert an Springer-Verlag GmbH, DE, ein Teil von Springer Nature 2022
H. Walser, *Spiralen, Schraubenlinien und spiralartige Figuren*,
https://doi.org/10.1007/978-3-662-65132-2_8

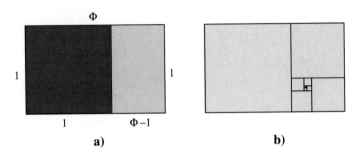

Abb. 8.1 Goldenes Rechteck. Unterteilung

Die positive Lösung dieser quadratischen Gleichung ist:

$$\Phi = \frac{1 + \sqrt{5}}{2} \approx 1.618 \tag{8.2}$$

Die Zahl Φ wird als Goldener Schnitt bezeichnet (vgl. [2, 5]).

Da das Restrechteck wieder ein Goldenes Rechteck ist, kann erneut ein Quadrat abgeschnitten werden, und es bleibt wieder ein Goldenes Restrechteck übrig. Iterativ kann das Goldene Rechteck also in eine Folge von Quadraten mit spiralförmiger Anordnung unterteilt werden (Abb. 8.1b).

Die Abb. 8.2 zeigt dynamische Variationen der Anordnung.

In diesen spiralförmigen Anordnungen ist das Seitenverhältnis eines nachfolgenden Quadrates zum vorangehenden Quadrat:

$$\frac{\Phi - 1}{1} = \frac{-1 + \Phi}{2} = \frac{1}{\Phi} \approx 0.618 \tag{8.3}$$

Die Quadratlängen bilden also eine abnehmende geometrische Folge mit dem Quotienten:

$$\frac{1}{\Phi} \approx 0.618 \tag{8.4}$$

Abb. 8.2 Dynamische Variation (▶ https://doi.org/10.1007/000-63p)

Die Quadratflächen bilden entsprechend eine geometrische Folge mit dem Quotienten:

$$\frac{1}{\Phi^2} \approx 0.382 \tag{8.5}$$

Die Schreibweise „Goldenes Rechteck" oder „goldenes Rechteck" (Großschreibung oder Kleinschreibung) wird unterschiedlich gehandhabt. Für die Großschreibung spricht die Analogie zur „Roten Karte" im Fußball.

Wir können in das unterteilte Goldene Rechteck auf verschiedene Weise eckige logarithmische Spiralen einbauen (Abb. 8.3a).

Die Umkreise der Quadrate verlaufen alle durch das Zentrum der eckigen Spiralen (Abb. 8.3b und 8.4).

Mit Viertelkreisen ergibt sich eine krumme Spirale (Abb. 8.5a).

Die gesamte Bogenlänge s der Spirale der Abb. 8.5a ist:

$$s = \frac{\pi}{2}\left(1 + \frac{1}{\Phi} + \left(\frac{1}{\Phi}\right)^2 + \dots\right) = \frac{\pi}{2}\sum_{n=0}^{\infty}\left(\frac{1}{\Phi}\right)^n = \frac{\pi}{2}\Phi^2 \approx 4.112 \tag{8.6}$$

Die Spirale der Abb. 8.5a ist allerdings keine echte logarithmische Spirale. Da die Spirale aus Viertelkreisbögen zusammengesetzt ist, gibt es den Übergangsstellen

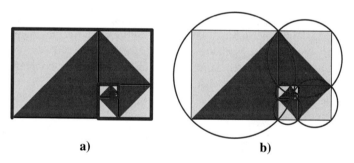

a)   **b)**

Abb. 8.3 Eckige Spiralen. Umkreise

Abb. 8.4 Dynamisches Ansetzen (▶ https://doi.org/10.1007/000-63n)

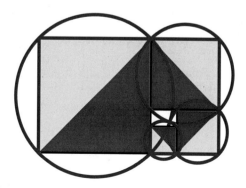

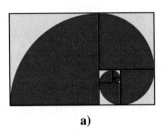
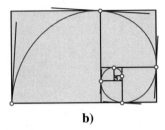

a)   b)

Abb. 8.5   Viertelkreise. Logarithmische Spirale

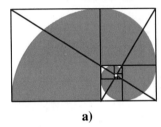
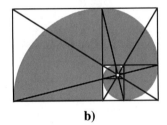

a)   b)

Abb. 8.6   Zentrum

jeweils einen Krümmungssprung. Bei einer echten logarithmischen Spirale nimmt
die Krümmung kontinuierlich zu. Die Abb. 8.5b zeigt die echte logarithmische
Spirale durch die Übergangspunkte. Sie ist visuell kaum von der aus Viertel-
kreisbögen zusammengesetzten Spirale der Abb. 8.5a zu unterscheiden. Sie verläuft im äußeren Startpunkt zunächst innerhalb des Viertelkreises, vor dem ersten
Übergangspunkt aber kurz außerhalb des Rechteckes. Dies ist auch aus den
eingezeichneten Tangenten an den Übergangspunkten ersichtlich. Ihre Länge ist
$s = 4.107$, also etwas kleiner als die Länge $s = 4.112$ der Spirale der Abb. 8.5a.
Über die logarithmische Goldene Spirale siehe [3].

Das Zentrum der Spiralen von Abb. 8.3 und 8.5 kann mit geeigneten
Diagonalen konstruiert werden (Abb. 8.6). Die Diagonalen schneiden sich unter
Winkeln von 90° und 45°.

8.2   Die Fibonacci-Kurve

Die Fibonacci-Folge $1, 1, 2, 3, 5, 8, 13, \ldots$ kann auch für negative Indizes fort-
gesetzt werden:

$$
\begin{array}{l}
n \ \ldots, \ -7, \ -6, \ -5, \ -4, \ -3, \ -2, \ -1, \ 0, \ 1, \ 2, \ 3, \ 4, \ 5, \ 6, \ 7, \ \ldots \\
f_n \ \ldots, \ 13, \ -8, \ \ \ 5, \ \ -3, \ \ \ 2, \ \ -1, \ \ \ 1, \ \ 0, \ 1, \ 1, \ 2, \ 3, \ 5, \ 8, \ 13, \ \ldots
\end{array}
\tag{8.7}
$$

Auch für negative Indizes genügt sie der Rekursionsformel

$$
f_{n+1} = f_n + f_{n-1}
\tag{8.8}
$$

mit den Startwerten $f_1 = 1$ und $f_2 = 1$, wobei die „Startwerte" sich jetzt in der Mitte befinden. Über die Fibonacci-Folge siehe [1, 2, 4].

Die Rekursionsformel Gl. 8.8 ist nicht geeignet zur Berechnung von Fibonacci-Zahlen mit großem Index. Es gibt dafür aber eine explizite Formel, die sogenannte Formel von Binet (Jacques Philippe Marie Binet, 1786–1856):

$$f_n = \frac{1}{\sqrt{5}} \left(\Phi^n - \left(-\frac{1}{\Phi} \right)^n \right) \tag{8.9}$$

Dabei ist Φ wiederum der Goldene Schnitt (Gl. 8.2). Die Formel von Binet war bereits Abraham de Moivre (1667–1754) und Daniel Bernoulli (1700–1782) bekannt.

Mit der Formel von Binet kann eine etwas merkwürdige Frage angegangen werden: Welche Fibonacci-Zahl befindet sich in der Mitte zwischen $f_2 = 1$ und $f_3 = 2$? Der Begriff „Mitte" bezieht sich hier auf den Index, also auf die Nummer der Fibonacci-Zahl, nicht auf die Fibonacci-Zahlen selber. Erinnert an den Bahnsteig $9\frac{3}{4}$ im Bahnhof Kings Cross in London.

Gesucht ist also die Fibonacci-Zahl $f_{2.5}$. Die Rekursionsformel Gl. 8.8 funktioniert nur für ganzzahlige Indizes. Hingegen kann es mit der expliziten Formel Gl. 8.9 versucht werden. Der Rechner liefert:

$$f_{2.5} = \frac{1}{\sqrt{5}} \left(\Phi^{2.5} - \left(-\frac{1}{\Phi} \right)^{2.5} \right) \approx 1.489 - 0.134i \tag{8.10}$$

Der halbzahlige Exponent bedeutet eine Quadratwurzel. Im zweiten Summanden hat es aber einen negativen Radikanden. Das Ergebnis wird daher komplex.

Wenn man allgemein in Gl. 8.9 für den Index n statt natürliche oder ganze Zahlen neu auch reelle Zahlen t einsetzt, ergeben sich komplexe Werte. Diese können in der Ebene der komplexen Zahlen von Gauß dargestellt werden. Die Abb. 8.7 (mit überhöhter Darstellung) zeigt die komplexen Werte der Funktion:

$$f(t) = \frac{1}{\sqrt{5}} \left(\Phi^t - \left(-\frac{1}{\Phi} \right)^t \right), \quad 1 \leq t \leq 6 \tag{8.11}$$

Die Nullstellen des Imaginärteils sind bei den Fibonacci-Zahlen $1, 1, 2, 3, 5, 8, 13$. Die Schleife mit dem Doppelpunkt 1 bedeutet, dass die Zahl 1 in diesen Fibonacci-Zahlen zweimal vorkommt.

Die Abb. 8.8 zeigt die Fibonacci-Kurve für $-6 \leq t \leq 6$. Die Nullstellen des Imaginärteils sind der Reihe nach bei den Fibonacci-Zahlen $-8, 5, -3, 2, -1, 1, 0, 1, 1, 2, 3, 5, 8$.

Es gibt Doppelpunkte bei 2 und 5, weil diese Zahlen in der Fibonacci-Folge zweimal vorkommen, und sogar einen Tripelpunkt bei 1.

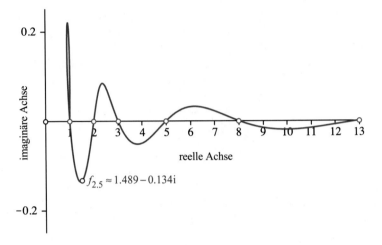

Abb. 8.7 Zwischenwerte der Fibonacci-Folge

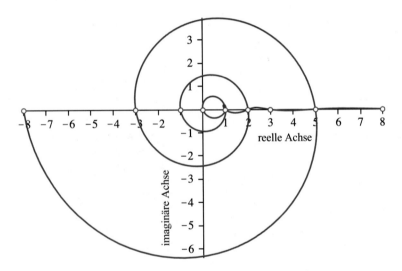

Abb. 8.8 Fibonacci-Kurve

Dieses spiralartige Verhalten ist wie folgt zu verstehen. Die Formel von Binet liefert eine Überlagerung von zwei Datensätzen. Der eine, herrührend vom ersten Summanden in Gl. 8.11, ist reell und strebt für $t \to -\infty$ gegen null. Der zweite Summand ist komplex und ergibt eine logarithmische Spirale (Abb. 8.9a). Diese logarithmische Spirale läuft nur näherungsweise durch die Fibonacci-Zahlen, da der erste Summand von Gl. 8.11 fehlt.

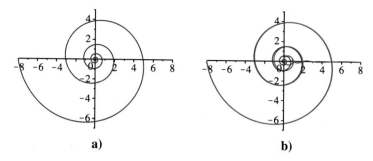

Abb. 8.9 Approximation

Literatur

1. Lehmann I (2009) FIBONACCI-Zahlen – Ausdruck von Schönheit und Harmonie in der Kunst. MU Der Mathematikunterricht. Jahrgang 55. Heft 2:51–63
2. Lehmann, Ingmar (2012): Goldener Schnitt und Fibonacci-Zahlen in der Literatur. In: Die Fibonacci-Zahlen und der goldene Schnitt. MU Der Mathematik-Unterricht (58), Heft 1, S. 39–48
3. Müller-Sommer H (2012) Entdeckungen an der Goldenen Spirale. MU Der Mathematik-Unterricht. (58) Heft 1. Februar 2012:24–27
4. Walser, Hans (2012): Fibonacci. Zahlen und Figuren. Leipzig, EAGLE, Edition am Gutenbergplatz
5. Walser, Hans (2013a): Der Goldene Schnitt. 6., bearbeitete und erweiterte Auflage. Mit einem Beitrag von Hans Wußing über populärwissenschaftliche Mathematikliteratur aus Leipzig. Leipzig: EAGLE, Edition am Gutenbergplatz

Optische Täuschungen

9

Inhaltsverzeichnis

9.1   Horizontale Wellenlinien   131
9.2   Zylinder, Torus und Kugel   134
9.3   Zirkuläre Wellen.   135
9.4   Radiale Wellenlinien   136
9.5   Andere komplexe Abbildungen   137

Mit geeignet angeordneten Wellenlinien werden optische Täuschungen hervorgerufen. Insbesondere entstehen scheinbare Schraubenlinien, logarithmische Spiralen oder Loxodromen.

9.1   Horizontale Wellenlinien

In der Abb. 9.1a vermeint man schräg von links unten nach rechts oben verlaufende Geraden zu sehen.

Diese schrägen Geraden sind aber nicht gezeichnet. Gezeichnet sind lediglich horizontale Sinuskurven (Abb. 9.1b). Die Sinuskurven sind jeweils um einen Viertel der Periodenlänge nach rechts und nach oben verschoben. Dadurch erhält die scheinbare Gerade die Steigung 1, also den Steigungswinkel 45°.

Ergänzende Information Die elektronische Version dieses Kapitels enthält Zusatzmaterial, auf das über folgenden Link zugegriffen werden kann https://doi.org/10.1007/978-3-662-65132-2_9. Die Videos lassen sich durch Anklicken des DOI Links in der Legende einer entsprechenden Abbildung abspielen, oder indem Sie diesen Link mit der SN More Media App scannen.

© Der/die Autor(en), exklusiv lizenziert an Springer-Verlag GmbH, DE, ein Teil von Springer Nature 2022
H. Walser, *Spiralen, Schraubenlinien und spiralartige Figuren*,
https://doi.org/10.1007/978-3-662-65132-2_9

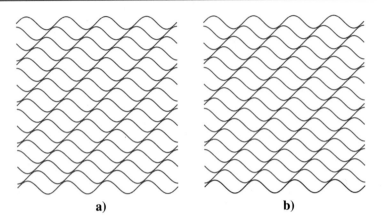

a)   b)

Abb. 9.1 Schräg ansteigende Geraden?

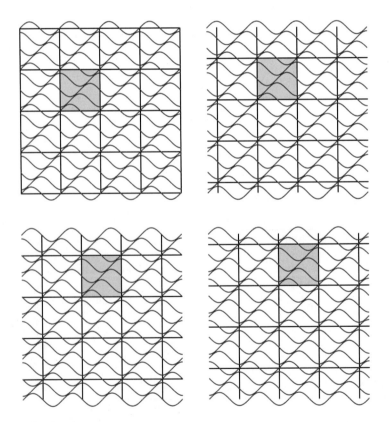

Abb. 9.2 Quadratgitter

Man kann, und das auf vier verschiedene Arten, die Figur in ein Quadratgitter legen, sodass die Gitterquadrate mitsamt ihrem Kurvenausschnitt deckungsgleich sind (Abb. 9.2).

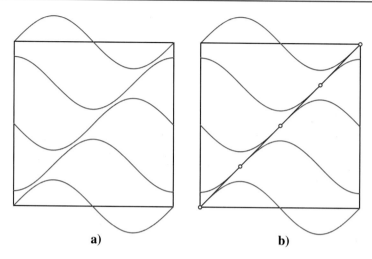

Abb. 9.3 Gitterquadrat. Wendetangente

Im vergrößerten Gitterquadrat sieht man deutlich, dass sich die Sinuskurven nicht berühren (Abb. 9.3a). Die scheinbare Gerade ist eine Diagonale des Gitterquadrates (Abb. 9.3b und 9.4a). Sie ist eine sogenannte Wendetangente der Sinuskurven. Im Wendepunkt, also im Übergangspunkt der Sinuskurve von Linkskrümmung zu Rechtskrümmung, hat die Sinuskurve die gleiche Richtung wie die Wendetangente.

In der Richtung der anderen Diagonalen des Gitterquadrates gibt es ebenfalls Wendetangenten (Abb. 9.4b). Sie sind sogar doppelt so zahlreich. Die gemeinsamen Punkte mit den Wellenlinien sind auf einer solchen Diagonale aber nur halb so dicht. Daher werden diese Diagonalen nicht wahrgenommen. Bei einer optischen Täuschung werden oft Punkte, die nahe beieinander liegen, zu einer Geraden oder einer Kurve verbunden, entfernter liegende Punkte nicht.

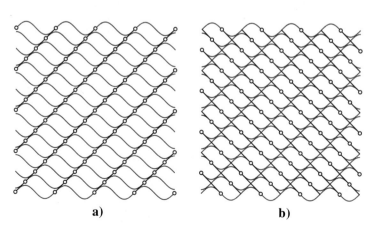

Abb. 9.4 Diagonalen

9.2   Zylinder, Torus und Kugel

Die Figur der Abb. 9.1 kann auf zwei Arten zu einem Zylinder zusammengebogen werden, je nachdem ob die Wellenlinien um den Zylinder herumlaufen oder senkrecht von unten nach oben (Abb. 9.5a und b). Beide Fälle führen zu scheinbaren Schraubenlinien.

Die Abb. 9.5c zeigt die Überlagerung der beiden Situationen. Mit etwas Geduld sind die waagerechten und senkrechten Wellenlinien feststellbar.

Schließlich kann ein Zylinder zu einem Torus gebogen werden (Abb. 9.6a). Es erscheinen gebogene Schraubenlinien.

Auf der Kugel (Abb. 9.6) können durch Wellenlinien scheinbare Loxodromen entstehen.

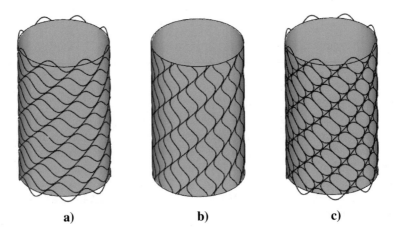

a)   b)   c)

Abb. 9.5   Zylinder

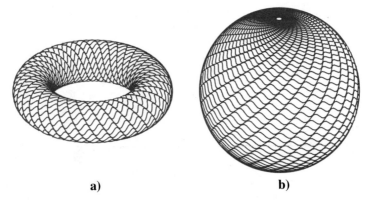

a)   b)

Abb. 9.6   Donut und Kugel

9.3 Zirkuläre Wellen

In der Abb. 9.7a irritieren die vermeintlichen logarithmischen Spiralen.

Es sind aber keine Spiralen gezeichnet, sondern zirkulär angeordnete geschlossene Wellenlinien (Abb. 9.7b und 9.8).

Zu diesen zirkulären Wellenlinien kommt man wie folgt. Die komplexen Exponentialabbildung $w = e^z$ bildet einen horizontalen Streifen der Höhe 2π auf die ganze Ebene ab. Dabei gehen die horizontalen Geraden in radiale Geraden über und die vertikalen Geraden in Kreise mit dem Ursprung als Zentrum. Die Exponentialabbildung ist winkelerhaltend. Die ursprünglichen Winkel werden zu gleich großen Bildwinkeln.

Ein Rechteck oder insbesondere ein Quadrat der Höhe 2π wird auf einen Kreisring abgebildet. Dabei ist der innere Lochkreis des Ringes oft so klein, dass er kaum mehr wahrgenommen wird.

In der Schreibweise $z = x + iy$ und $w = u + iv$ gilt für die komplexe Exponentialfunktion:

$$u + iv = e^{x+iy} = e^x e^{iy} = e^x(\cos(y) + i\sin(y)) \tag{9.1}$$

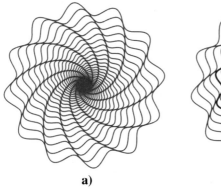

a) b)

Abb. 9.7 Spiralen?

Abb. 9.8 Zirkuläre
Wellenlinien (▶ https://doi.
org/10.1007/000-63t)

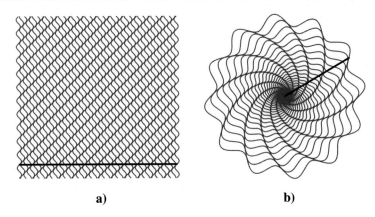

a)   b)

Abb. 9.9   Konstanter Schnittwinkel

Daraus ergeben sich die reellen Abbildungsgleichungen:

$$u = e^x \cos(y)$$
$$v = e^x \sin(y)$$

(9.2)

Man setzt nun kleine Quadrate der Abb. 9.2 zu einem größeren Quadrat zusammen und normiert seine Seitenlänge auf 2π. Das zusammengesetzte Quadrat wird um 90° gekippt (Abb. 9.9a). Schließlich wird das gekippte Quadrat mit der Exponentialfunktion abgebildet. Die horizontalen Sinuskurven werden durch das Kippen zu vertikalen Sinuskurven und diese durch die Exponentialabbildung zu ringförmigen Wellenlinien (Abb. 9.7b).

Die konstanten Neigungswinkel von 45° der scheinbaren Geraden gegenüber der horizontalen Geraden (Abb. 9.9a) werden durch das Abbilden zu konstanten Schnittwinkeln von 45° gegenüber radialen Geraden (Abb. 9.9b). Daher meint man logarithmische Spiralen zu sehen.

9.4   Radiale Wellenlinien

Auch in der Abb. 9.10a vermeint man Spiralen zu sehen.

Es handelt sich um radiale Wellenlinien, wie das Hervorheben einer Referenz-kurve zeigt (Abb. 9.10b und 9.11).

Für die Herstellung dieser Spiralen wird wiederum die Exponentialabbildung verwendet. Das Kippen des großen Quadrates entfällt. Daher werden die horizontalen Sinuskurven nun zu radialen Wellenlinien.

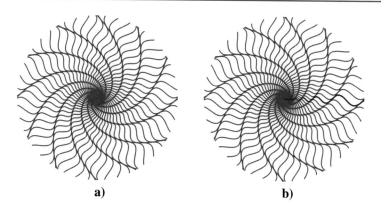

a) **b)**

Abb. 9.10 Spiralen?

Abb. 9.11 Radiale
Wellenlinien (▸ https://doi.
org/10.1007/000-63s)

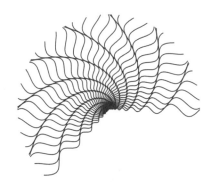

9.5 Andere komplexe Abbildungen

Die komplexe Exponentialabbildung kann durch andere komplexe Abbildungen
ersetzt werden.

Beispiel 1: Die komplexe Quadratfunktion $w = z^2$ kann in der Form

$$u + \mathrm{i}v = (x + \mathrm{i}y)^2 = x^2 + 2\mathrm{i}xy - y^2 \tag{9.3}$$

geschrieben werden. Daraus folgen die reellen Abbildungsgleichungen:

$$u = x^2 - y^2$$
$$v = 2xy \tag{9.4}$$

Ein Quadrat mit Wellenlinien wir durch die komplexe Quadratfunktion auf
die Figur der Abb. 9.12 abgebildet. Es erscheinen stehende Scheinparabeln. Die
ursprünglichen horizontalen Wellenlinien werden zu liegenden Parabeln verbogen.

Beispiel 2: Die komplexe Funktion (hyperbolischer Kosinus)

$$w = \cosh(z) = \frac{1}{2}\left(e^z + e^{-z}\right) \tag{9.5}$$

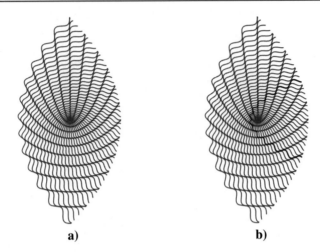

Abb. 9.12 Scheinparabeln

hat die reelle Darstellung:

$$u = \frac{1}{2}\left(e^x + e^{-x}\right)\cos(y)$$
$$v = \frac{1}{2}\left(e^x - e^{-x}\right)\sin(y)$$

$$(9.6)$$

Aus einem Quadrat mit Wellenlinien ergibt sich zunächst die Figur der Abb. 9.13a.

Dies ist verwirrend, sieht die Figur doch gleich aus wie die der Abb. 9.10. Das Rätsel löst sich durch Hineinzoomen (Abb. 9.13b). Die Figur hat sozusagen zwei verschiedene Zentren.

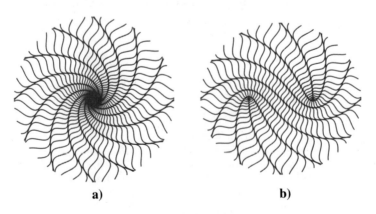

Abb. 9.13 Verwirrende Spiralen. Hineinzoomen

Sphärische Spiralen

10

Inhaltsverzeichnis

10.1   Plattkarte 140
10.2   Mercator-Karte.. 142
10.3   Stereografische Projektion.. 147
10.4   Karte von Archimedes und Lambert 149
10.5   Schraubenfläche und Kugel 150
Literatur... 151

Die Idee ist einfach: Auf einer Weltkarte wird eine schräg ansteigende Gerade eingetragen. Wie sieht deren Bild auf der Erdkugel aus? Je nach Kartentyp ergeben sich verschiedene Kurven auf der Erdkugel. In der Regel haben sie ein spiralartiges Verhalten.

Die verwendeten Karten sind normalachsige Zylinderkarten. Wird das linke Ende des Kartenblattes mit dem rechten Ende identifiziert (anschauliche Vorstellung: zusammengeklebt), entsteht ein Zylinder. Die Zylinderachse ist die Erdachse. Der Zylinder berührt die Erdkugel am Äquator.

In den folgenden Parameterdarstellungen und die Berechnungen wird mit dem Erdkugelradius 1 gearbeitet. Für kartografische Details siehe [1].

Ergänzende Information Die elektronische Version dieses Kapitels enthält Zusatzmaterial, auf das über folgenden Link zugegriffen werden kann https://doi.org/10.1007/978-3-662-65132-2_10. Die Videos lassen sich durch Anklicken des DOI Links in der Legende einer entsprechenden Abbildung abspielen, oder indem Sie diesen Link mit der SN More Media App scannen.

© Der/die Autor(en), exklusiv lizenziert an Springer-Verlag GmbH, DE, ein Teil von Springer Nature 2022
H. Walser, *Spiralen, Schraubenlinien und spiralartige Figuren*,
https://doi.org/10.1007/978-3-662-65132-2_10

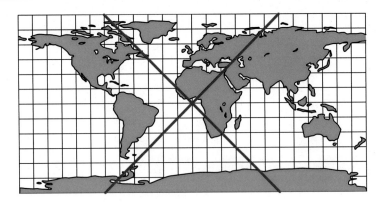

Abb. 10.1 Plattkarte. Netzdiagonalen

10.1 Plattkarte

In der Plattkarte (Abb. 10.1) ist das Gradnetz ein Quadratnetz, im vorliegenden Beispiel mit der Maschenweite 15°. Die ganze Oberkante der Plattkarte liegt auf dem Nordpol, entsprechend die Unterkante auf dem Südpol.

Die Geraden mit Steigung ± 1 haben die Richtungen der Diagonalen der Netzquadrate.

Die Abb. 10.2 zeigt die entsprechende Situation auf der Kugel. Die Kurven haben die Richtungen der Diagonalen der Netzvierecke. Die 8-förmige Gesamtkurve wird als vivianische Kurve oder Strophoide bezeichnet. Aus der Sicht von oben, also mit Blick auf den Nordpol, erscheint ein Kreis. Von Spiralen ist noch nicht viel zu sehen.

In der Abb. 10.3 haben die Geraden eine andere Steigung. Es ist kartografisch die Steigung ± 2. Diese Steigung ± 2 wir aus der Sicht der Süd-Nord-Achse berechnet. Die primäre Variable ist bei den Kartografen die geografische Breite in Süd-Nord-Richtung. Auf ein Karo in der Süd-Nord-Richtung geht es in diesem Beispiel ± 2 Karos in der West-Ost-Richtung. Die Steigung ± 2 entspricht der „gewöhnlichen" Steigung ± 0.5. Die Begriffe waagerecht und senkrecht sind also vertauscht.

Auf der Kugel ergeben sich entsprechend die Kurven der Abb. 10.4. Man sieht Ansätze zu Spiralen. In der Sicht von oben auf den Nordpol erscheint eine herzförmige Kurve. Es ist aber nicht die übliche Kardioide.

Die Abb. 10.5 und die Abb. 10.6 zeigen die Situation für die Steigung 24. Die parallelen Strecken auf der Karte gehören alle zur gleichen Kurve auf der Erdkugel. Auf einen vollen Umlauf, das heißt auf eine ganze Kartenbreite, nähern sich die Strecken dem Nordpol um eine Karohöhe, also um 15°.

Bei diesen Spiralen ändert die Poldistanz, das ist der auf der Kugeloberfläche gemessene Abstand vom Nordpol, pro Umlauf immer um denselben Betrag; bei der Steigung 24 sind es 15°. Diese Spiralen sind also ein sphärisches Analogon zu den archimedischen Spiralen (Kap. 3).

Für die Steigung a haben diese Spiralen die Parameterdarstellung:

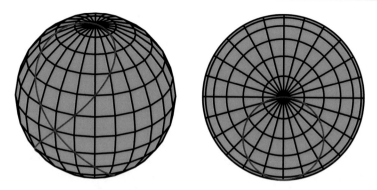

Abb. 10.2 Vivianische Kurve

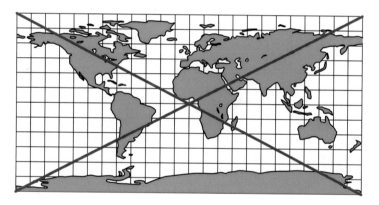

Abb. 10.3 Steigung 2 auf der Karte

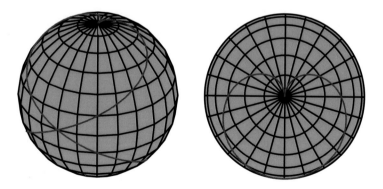

Abb. 10.4 Steigung 2 auf der Kugel

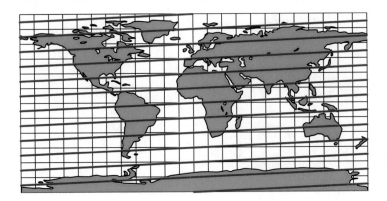

Abb. 10.5 Steigung 24 auf der Karte

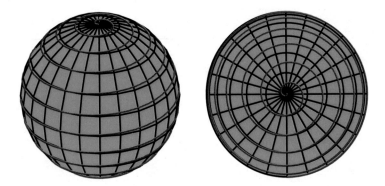

Abb. 10.6 Steigung 24 auf der Kugel

$$
\left.\begin{array}{r}
x(t) = \cos{(t)}\cos{(at)} \\
y(t) = \cos{(t)}\sin{(at)} \\
z(t) = \sin{(t)}
\end{array}\right\} \quad -\frac{\pi}{2} \leq t \leq \frac{\pi}{2} \tag{10.1}
$$

10.2 Mercator-Karte

Die klassische Mercator-Karte, oft einfach als die Seekarte bezeichnet, ist winkeltreu (conformal). Die Winkel auf der Karte sind gleich groß wie die Winkel auf der Erdkugel. Die Abb. 10.7 zeigt die Mercator-Karte für eine Maschenweite 15°. Das Gradnetz erscheint auf der Karte nicht mehr als Quadratnetz. Die Karte reicht nicht bis zu den Polen, denn diese sind auf der Mercator-Karte im Unendlichen. Die Karte ist oben und unten abgeschnitten.

Die Karte gibt die Flächen nicht im richtigen Verhältnis wieder. Wir sehen das deutlich beim Vergleich von Australien mit dem in Wirklichkeit viel kleineren

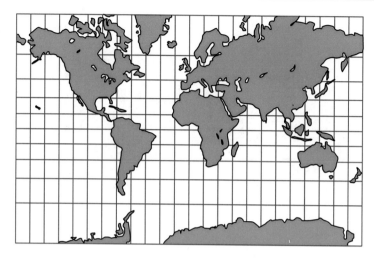

Abb. 10.7 Mercator-Karte

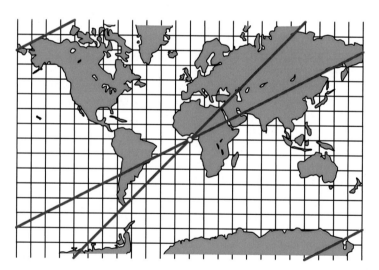

Abb. 10.8 Quadratnetz in der Mercator-Karte

Grönland, das aber, obwohl im Norden sogar abgeschnitten, auf der Karte größer erscheint.

Wir können der Karte aber künstlich ein Quadratnetz unterlegen (Abb. 10.8).

Die senkrechten Linien des Quadratnetzes stimmen mit den Meridianen des 15° -Rasters der Karte überein. Bei den horizontalen Linien passt nur der Äquator. Das Quadratnetz ist analog zur Karte oben und unten abgeschnitten, theoretisch geht es oben und unten ins Unendliche. Es gibt also unendlich viele Quadrate bis zu den Polen.

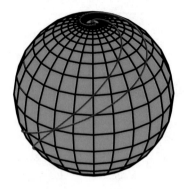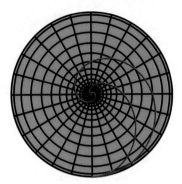

Abb. 10.9 Quadratnetz und Loxodromen

Zusätzlich sind zwei Geraden durch denselben Punkt mit den Steigungen 1 und 2 eingezeichnet.

Gegenüber der Nordrichtung haben sie den Winkel 45° beziehungsweise den Winkel arctan(2) = 63.43°. Wegen der Konformität der Mercator-Karte sind diese Winkel auch auf der Erdkugel die Winkel gegenüber der Nordrichtung, also die sogenannten Kurswinkel. Der Kurswinkel lässt sich vom Kompass ablesen.

Die Gerade mit der Steigung 1 verlässt oben und unten das Blickfeld, weil die Karte oben und unten abgeschnitten ist.

Die Gerade für die Steigung 2 läuft über den ±180°-Meridian (das ist im Prinzip die Datumgrenze) und kommt dann auf der anderen Seite wieder herein, bevor sie schließlich ebenfalls oben und unten aus dem Blickfeld verschwindet. Die jeweils parallelen Geradenstücke in der Karte gehören zur selben Kurve auf der Erdkugel.

Nun wird dieses Quadratnetz zusammen mit den Geraden auf die Kugel abgebildet (Abb. 10.9). Die Bilder der Geraden auf der Kugel heißen Loxodromen (griechisch loxos „schief“, dromos „Lauf“). Sie wickeln sich spiralförmig um die beiden Pole. Loxodromen haben gegenüber der Nordrichtung immer denselben Kurswinkel. Sie sind daher bequem und beliebt für die Navigation. Man kann einfach den konstanten Kurswinkel beim Autopiloten einstellen.

Die Loxodrome mit der Steigung 1 und dem Kurswinkel 45° läuft wie die Diagonalen der Netzquadrate.

Die Loxodrome mit der Steigung 2 und dem Kurswinkel 63,43° läuft auf ein Netzquadrat in der Nordrichtung zwei Netzquadrate nach Osten.

Die Abb. 10.10 zeigt auf der Karte die Situation für die Steigung 12. Der zugehörige Kurswinkel ist $\alpha = \arctan(12) = 85.24°$. Es geht also beinahe in der West-Ost-Richtung. Daher benötigt man jetzt schon auf der Karte mehrere Umläufe und sieht sehr schön das spiralförmige Verhalten der zugehörigen Loxodrome (Abb. 10.11).

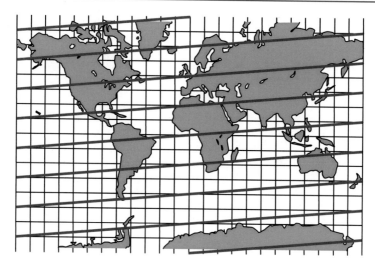

Abb. 10.10   Kurswinkel 85.24°

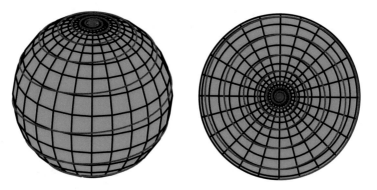

Abb. 10.11   Loxodrome mit Kurswinkel 85.24°

Die Loxodrome mit Steigung a und damit dem Kurswinkel $\alpha = \arctan(a)$ hat die Parameterdarstellung:

$$\left.\begin{array}{l} x(t) = \frac{\cos(at)}{\cosh(t)} \\[4pt] y(t) = \frac{\sin(at)}{\cosh(t)} \\[4pt] z(t) = \tanh(t) \end{array}\right\} -\infty \leq t \leq \infty \qquad (10.2)$$

Interessant ist, dass hier die Hyperbelfunktionen erscheinen. Bei der Kugel hätte man das nicht erwartet. Mit Methoden der Differentialgeometrie kann man die Länge ausrechnen. Die Bogenlänge s der Loxodrome von Pol zu Pol ist das Integral:

$$s = \int_{-\infty}^{\infty} \frac{\sqrt{1+a^2}}{\cosh(t)} dt = 2\sqrt{1+a^2} \arctan(e^t)\Big|_{-\infty}^{\infty} = \pi\sqrt{1+a^2} \quad (10.3)$$

Für die Steigung $a = 1$ (Abb. 10.8 und 10.9) ergibt sich die Bogenlänge $s = \pi\sqrt{2}$. Diese Bogenlänge kann einfacher und ohne das Integral (Gl. 10.3) bestimmt werden. Bei der Steigung 1 laufen die Loxodromen diagonal durch die Quadrate des unterlegten Quadratnetzes. Die Quadratdiagonale ist das $\sqrt{2}$-fache der Seitenlänge. Vom Südpol zum Nordpol summieren sich die Seitenlängen der Quadrate zu Länge eines Meridians, also zur Länge π. Die Länge der Loxodromen ist das $\sqrt{2}$-fache davon.

Im allgemeinen Fall mit dem Kurswinkel α kann die Bogenlänge vom Südpol zum Nordpol analog berechnet werden. Die Steigung a bedeutet, dass es bei einer Karolänge nach Norden um a Karolängen (im Beispiel der Abb. 10.12 und 10.13 ist a = 1,25) nach Osten (oder bei negativem a nach Westen) geht. Daraus ergibt sich der Kurswinkel $\alpha = \arctan(a)$.

Bei einem Schritt Δs auf der Loxodrome nähert man sich in Süd-Nord-Richtung um $\Delta s \cos(\alpha)$ dem Nordpol. Für die gesamte Bogenlänge s der

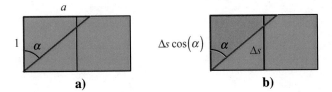

Abb. 10.12 Ausschnitt

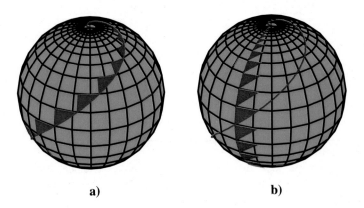

a)   b)

Abb. 10.13 Treppe

Abb. 10.14 Treppauf-
treppab (▶ https://doi.
org/10.1007/000-63w)

Loxodrome von Pol zu Pol muss daher $s\cos(\alpha)$ gleich dem Süd-Nord-Abstand vom Südpol zum Nordpol sein. Dies ist aber die Länge eines Meridians, auf der Einheitskugel also π. Somit ist:

$$s = \frac{\pi}{\cos(\alpha)} \tag{10.4}$$

Zur Illustration kann man sich auf der Loxodrome eine Treppe denken (Abb. 10.13a und 10.14). Die Stufen sind zwar unterschiedlich hoch, haben aber alle dieselbe Form. Die Schrägseiten der Stufen, also die Hypotenusen der roten rechtwinkligen Dreiecke, ergeben zusammen die Länge der Loxodrome.

Nun schiebt man die Stufen längs der Breitenkreise bis zum Anschlag an den Nullmeridian (Abb. 10.13b). Die Stufenhöhen ergeben zusammen die Länge des Meridians, auf der Einheitskugel also π. Jede einzelne Stufenhöhe ergibt sich aus der Schrägseite durch Multiplikation mit dem Kosinus des Kurswinkels α. Daher gilt das auch für die Summen. Es ist also $s\cos(\alpha) = \pi$. Daraus ergibt sich wiederum die Längenformel (Gl. 10.4). Sie gilt für die Länge von Loxodromen auf der Einheitskugel. Für eine andere Kugel muss noch mit dem Kugelradius multipliziert werden.

Loxodromen spielen in der Luftfahrt und in der Seefahrt eine wichtige Rolle. Ein konstanter Kurs kann sehr einfach vom Autopiloten eingehalten werden. Allerdings realisieren die Loxodromen nicht die kürzesten Verbindungen auf der Kugeloberfläche.

10.3 Stereografische Projektion

Die Loxodromen sind das sphärische Analogon zu den logarithmischen Spiralen (Kap. 2). Die logarithmischen Spiralen haben nämlich ebenfalls einen konstanten „Kurswinkel" zum Zentrum (Abschn. 2.6).

Die Loxodromen auf der Kugel und die logarithmischen Spiralen in der Ebene können mit der sogenannten stereografischen Projektion in Verbindung gebracht

werden. Die stereografische Projektion ist eine Zentralprojektion vom Nordpol aus auf die Tangentialebene im Südpol. Sie lässt sich illustrieren wie folgt
(Abb. 10.15). Man steckt eine Nadel aus dem Hut der Tante Frieda beim Nordpol
ein und beim Kugelpunkt, den man abbilden will, wieder heraus. Dann sticht man
weiter bis zur Tangentialebene im Südpol. Der Einstichpunkt ist der Bildpunkt.
Theoretisch kann man auf diese Weise die ganze Kugel mit Ausnahme des Nord-
pols auf die Ebene abbilden. In der Praxis lässt sich die Polkappe um den Nordpol
schlecht abbilden. Die Nadel muss ganz flach eingestochen werden und trifft die
Tangentialebene erst sehr weit außen. Eher sticht man sich in den Finger.

Das stereografische Bild einer Loxodromen auf die Tangentialebene ist eine
logarithmische Spirale (Abb. 10.16).

Abb. 10.15 Stereografische Projektion

Abb. 10.16 Loxodrome und logarithmische Spirale (► https://doi.org/10.1007/000-63v)

10.4   Karte von Archimedes und Lambert

Die Karte nach Archimedes und Lambert (Johann Heinrich Lambert, 1728–1777) ist flächenverhältnistreu (equivalent). Die Flächenverhältnisse auf der Karte und auf der Erdkugel sind dieselben. Dafür werden die Formen teilweise krass verzerrt.

Die Abb. 10.17 zeigt die Karte von Archimedes und Lambert für eine Maschenweite 15°. Das Gradnetz erscheint auf der Karte nicht mehr als Quadratnetz. Die Breitenkreise erscheinen gegen die Pole zu verdichtet. Die Gerade mit der Steigung 1 ist nicht mehr die Netzdiagonale.

Die Dimensionen dieser Karte sind im irrationalen Verhältnis $\pi : 1$; die Karte kann daher nicht randbündig mit einem Quadratraster überdeckt werden. Trotzdem können Geraden verschiedener Steigungen eingezeichnet und auf die Kugel übertragen werden. Für die Steigung a ergibt sich eine Kurve mit der Parameterdarstellung:

$$\left.\begin{array}{l} x(t) = \sqrt{1 - t^2}\cos(at) \\ y(t) = \sqrt{1 - t^2}\sin(at) \\ z(t) = t \end{array}\right\} -1 \leq t \leq 1 \qquad (10.5)$$

Mit der Steigung 1 erhält man auf der Kugel die Kurve der Abb. 10.18. Eine Spirale ist noch nicht so richtig sichtbar.

Die Steigung 24 ergibt die sphärische Spirale der Abb. 10.19.

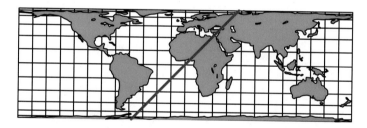

Abb. 10.17 Flächentreue Karte nach Archimedes und Lambert

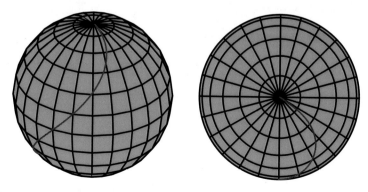

Abb. 10.18 Steigung 1

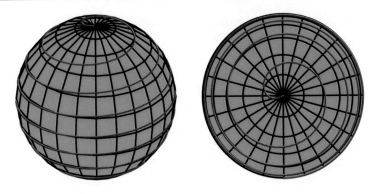

Abb. 10.19 Steigung 24

10.5 Schraubenfläche und Kugel

Eine Schraubenfläche (Abb. 10.20a) wird so zugeschnitten, dass sie in eine Kugel passt (Abb. 10.20b).

Die Außenkontur der kugelförmigen Schraubenfläche motiviert die sphärische Schraubenlinie der Abb. 10.21.

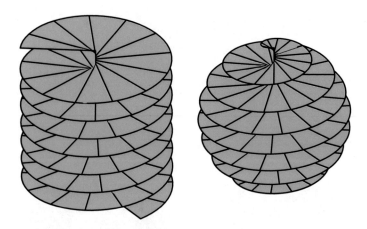

Abb. 10.20 Schraubenfläche und Kugel

Abb. 10.21 Sphärische Schraubenlinie (▸ https://doi. org/10.1007/000-63x)

Literatur

1. Walser H (2017) EAGLE STARTHILFE. Kartografie. Edition am Gutenbergplatz, Leipzig.

Stichwortverzeichnis

A

Abrollen, 44
Abwickeln, 46, 68
Archimedes, 46, 63, 149
Archimedische Spirale, 2, 140
Asymptote, 6
Aufrollen, 44
Aufwickeln, 46
Axonometrie
    isometrische, 27

B

Backstein-Mauerwerk, 43
Bandornament, 34
Bart des Archimedes, 47
Bernoulli, Daniel, 127
Bernoulli, Jacob, 17
Bienenwabenmuster, 35
Binet, Jacques Philippe Marie, 127
Biskuitrolle, 44
Blütenblatt, 75
Bogenmaß, 4
Brennpunkt, 32, 114

D

Dänemark, 56
Diagonalenschnittwinkel, 76
DIN-Format, 74
DNA-Spirale, 58
Doppelspirale, 34
Drehstrecksymmetrie, 15, 17, 18, 23
Drehstreckung, 15, 24, 71
Dreieck
    gleichschenkliges, 80
    gleichseitiges, 67, 79, 85
    pythagoreisches, 78

rechtwinklig-gleichschenkliges, 77, 79, 81,
    90, 93
Dreiecksraster, 37
Drittel, 34

E

Effekt
    optischer, 42
Erdkugel, 40
Euler, Leonhard, 41
Exponentialabbildung
    komplexe, 74, 135
Exponentialfunktion, 4

F

Faden, 47
Fahrradpedal, 52
Faltspirale, 87
Farum, 56
Fibonacci-Folge, 126
Fibonacci-Kurve, 127
Fibonacci-Spirale, 93
Fibonacci-Zahl, 93
Flächenspirale, 69
Fünfeck
    regelmäßiges, 85
Fünftel, 35
Funktion
    monotone, 4

G

Ganghöhe
    reduzierte, 50, 57
Gartenschlauch, 52

© Der/die Herausgeber bzw. der/die Autor(en), exklusiv lizenziert durch Springer-
Verlag GmbH, DE, ein Teil von Springer Nature 2022
H. Walser, *Spiralen, Schraubenlinien und spiralartige Figuren*,
https://doi.org/10.1007/978-3-662-65132-2

Geo-Dreieck, 77
Gliedermaßstab, 111
Goldener Schnitt, 75, 79, 103, 124
Goldenes Rechteck, 75, 123
Gummiband, 56

H
Handlauf, 57
Helix, 57
Herzkurve, 90
Hexagonal-Struktur, 35
Hexenspirale, 92
Hohlspiegel, 114
Hund
    bissiger, 40

K
Käfer, 60
Kardioide, 90
Karomuster
    krummes, 20
Kegel, 61
kissing circle, 113
Kletterseil, 45
Klothoide, 115
komplexe Exponentialabbildung, 74, 135
komplexe Quadratfunktion, 137
Kreis, 39
Kreisevolvente, 8, 39, 41
Kreisumfang, 44
Krümmung, 113
Krümmungskreis, 113
Krümmungskreisradius, 113
Kurve
    vivianische, 140

L
Lambert, Johann Heinrich, 149
Linksgewinde, 52
Linksschraube, 50, 53, 58
logarithmische Spirale, 4, 45, 62
    eckige, 10, 16
Lotfußpunktkurve, 90
Loxodrom, 134

M
Mercator-Karte, 142
Möbius, August Ferdinand, 66
Möbius-Band, 66

Moivre, Abraham de, 127
monotone Funktion, 4
Munot, 53, 57

N
Nautilus, 23

O
Orgelpfeifen, 27
Origami-Papier, 87

P
Papiermodell, 106
Parabel, 32, 48, 55
    quadratische, 8
Parallelogramm, 79
Parkhausauffahrt, 57, 63
Pedalkurve, 90
Penrose, Roger, 100
Plattkarte, 40, 140
Polardarstellung, 3
Primzahl, 97
Punktraster, 73
Punktwolke, 24
Pythagoras, 45, 82

Q
Quadrat, 42, 82
Quadratfunktion
    komplexe, 137
quadratische Parabel, 8
Quadratzahl, 95

R
Rechteck, 42
Rechtsgewinde, 52
Rechtsschraube, 50, 52, 53
Reutersvärd, Oscar, 100

S
Sackrutsche, 57, 63
Schachbrettmuster, 11
Schaffhausen, 53, 57
Schnecke, 23
Schnurrbart, 48
Schraubenfläche, 57, 60
    doppelgängige, 57

Schraubenlinie, 7, 49, 57
Schraubsymmetrie, 55
Sechstel, 35
Seekarte, 142
Silbernes Rechteck, 76
Sinuskurve, 43
Spiralbohrer, 63
Spirale
    archimedische, 30, 45, 46, 61
    eckige logarithmische, 10, 16, 71
    logarithmische, 4, 45, 62
Steigung
    beschleunigte, 55
Strophoide, 140

T
Tangente, 32
Täuschung
    optische, 10, 109, 116
Teppich, 44, 58
Thaleskreis, 75
Torus, 53
Treppe, 11

U
Ulam, Stanisław Marcin, 97
Ulam-Spirale, 97
Ungerade Zahl, 106

V
Viertel, 35, 38, 43
vivianische Kurve, 140

W
Wachstum
    exponentielles, 23, 45
WC-Papier-Rolle, 44
Weinbergschnecke, 86
Wendeltreppe, 49, 63
Wickelpunkt, 118
Würfelverdoppelung, 25
Wurzelpyramide, 104
Wurzelspirale, 102

Z
Zahlenspirale, 95
Zahnrad, 41
Zentralperspektive, 52
Zollstock, 111
Zwölftonstimmung, 27
Zykloide, 52
Zylinder
    desaxierter, 60